# Schaltungsarten

und

# Betriebsvorschriften

elektrischer Licht- und Kraftanlagen
unter Verwendung von Akkumulatoren.

---

Zum Gebrauche für Maschinisten,
Monteure und Besitzer elektrischer Anlagen,
sowie für Studierende der Elektrotechnik

von

### Alfred Kistner.

Mit 81 in den Text gedruckten Figuren.

| Berlin. | 1901. | München. |
| Julius Springer. | | R. Oldenbourg. |

ISBN-13: 978-3-642-98498-3   e-ISBN-13: 978-3-642-99312-1
DOI: 10.1007/978-3-642-99312-1

Alle Rechte, insbesondere das der Übersetzung in
fremde Sprachen, vorbehalten.

# Vorwort.

Der Verfasser des vorliegenden Buches hat oft den Mangel an einem Werke empfunden, das, für den Monteur und Maschinisten geschrieben, in kurzer und leicht verständlicher Weise die gebräuchlichsten Schaltungsarten für Starkstromanlagen mit Akkumulatorenbetrieb, sowie aus diesen hervorgehend, die praktische Betriebsführung derartiger Anlagen behandelt. Wohl giebt es Werke über Akkumulatoren und deren Behandlung, ebenso auch solche, die zur Erläuterung des praktischen Betriebes geschrieben sind, doch eignen sie sich zu oben genanntem Zwecke nicht, weil sie entweder zu umfangreich sind, oder sich hauptsächlich mit der Behandlung der Maschinen und Akkumulatoren selbst beschäftigen, während sich keines derselben die Aufgabe stellt, speciell die Bedienung der Schaltapparate zur Erzielung der verschiedenen Betriebsarten an der Hand einheitlicher Schaltungsschemen zu erklären, um damit dem Anfänger einen sicheren Anhalt und dem Vorgeschrittenern ein für alle normalen Betriebsfälle ausreichendes Nachschlagebuch zu geben. Wenn sich auch heutzutage in fast jedem Betriebe Anweisungen zur Behandlung der Maschinen und Akkumulatoren finden, so stehen doch nur in den seltensten Fällen Betriebsvorschriften für die Bedienung der Akkumulatorenschaltapparate zur Verfügung. Aber gerade die sachgemäfse Bedienung der Schalttafel bietet den Monteuren und Maschinisten erfahrungsgemäfs weitaus mehr Schwierigkeiten, als die Behandlung der Maschinen oder Akkumu-

*

latoren an sich, und oft werden sie deshalb in die Lage kommen, sich über diesen oder jenen Punkt Klarheit verschaffen zu müssen. Ein leicht faſsliches Buch über den Gegenstand würde ihnen daher gewiſs von Nutzen sein, ebenso wie Studierenden der Elektrotechnik und in die Praxis übergehenden Ingenieuren, weil gerade ihnen die üblichen Schaltmethoden einfacher Licht- und Kraftbetriebe geläufig sein müssen, diese aber an technischen Lehranstalten wenig oder gar nicht berücksichtigt zu werden pflegen. Auch Eigentümern elektrischer Anlagen und Werkmeistern gröſserer Betriebe dürfte ein derartiges Werk willkommen sein, um sich mit dem Gegenstande vertraut zu machen und z. B. bei eintretendem Personalwechsel demselben nicht ganz fremd gegenüber stehen zu müssen.

In der durch eigene Erfahrung befestigten Überzeugung von der Nützlichkeit eines solchen Buches hat der Unterzeichnete selbst die Bearbeitung unternommen und hofft, allen denen, die bestrebt sind, sich jene Kenntnisse anzueignen, dadurch einen Dienst erwiesen zu haben.

Apparate, die auch in Anlagen ohne Akkumulatorenbetrieb Verwendung finden, wie Meſsinstrumente, Ausschalter, Bleisicherungen etc., wurden nicht besonders besprochen, ebenso hielt der Verfasser für überflüssig, noch besondere Vorschriften zur Bedienung der Maschinen und Akkumulatoren, über Öler, Säuremessung etc. aufzunehmen, da derartige Angaben schon in jedem Betriebe vorhanden sind.

Da die meisten zur Zeit bestehenden Einzelbetriebe, wie Fabrik-, Geschäfts- und Privatanlagen, für deren Personal vorliegendes Buch in erster Linie bestimmt ist, mit Zweileitersystem arbeiten, sind Schaltungsschemata für Dreileitersystem, wie auch solche für Stadtcentralen nicht berücksichtigt worden. Demgegenüber wurden die zur Darstellung kommenden vier Grundschaltungsarten in eingehendster Weise behandelt, ebenso wie auch alle in der Praxis gebräuchlichen Schemata gleiche Berücksichtigung gefunden haben. Dem erklärenden Texte jeder Schaltung folgt die genaue Betriebsvorschrift, die, die praktische Betriebsführung der betreffenden Anlage darstellend, gewifs manchem einen sicheren Anhalt für das soeben Erlernte bieten, und manchem auch ein willkommener Führer sein wird. Die einzelnen Betriebsvorschriften sind, vielleicht auf Kosten des ersten Gesamtüberblicks fast gleich eingehend durchgeführt, einmal weil dies ihr Charakter als Betriebsvorschrift bedingt, dann aber auch, um den Anfänger nicht durch ungenaue Andeutungen und Verweisungen auf diese oder jene Betriebsmöglichkeit seinen eigenen Mutmafsungen zu überlassen, sondern um ihn durch möglichst eingehende Behandlung und gelegentliche Wiedervorführung desselben Stoffes in anderer Form, nach und nach so einzuführen, dafs er sich die zu sachgemäfser Bedienung eines Betriebes erforderlichen Schaltungskenntisse, die besonders bei plötzlich eintretenden Betriebsstörungen von unschätzbarem Werte sind, ohne nennenswerte Schwierigkeiten aneignen kann.

Der Verfasser hofft, dafs das vorliegende Buch innerhalb der Kreise, für die es geschrieben wurde, gute Dienste leisten wird. Sollten sich beim Lesen desselben Mängel bemerkbar machen oder Verbesserungen wünschenswert erscheinen, so bittet er, ihn auf dieselben hinweisen zu wollen.

Leipzig, im Juli 1901.

**Alfred Kistner.**

# Inhaltsübersicht.

## Einleitung.

Seite
1. Verwendung der Akkumulatoren in Starkstromanlagen . 1
2. Über Akkumulatoren, ihre Ladung und Entladung . . . 2
3. Über die gegenseitige Verbindung und die Anzahl der zu praktischen Betrieben erforderlichen Elemente . . . . . 5

### 1. Abschnitt.
## Maschinen und Schaltapparate.

4. Dynamomaschinen zum Laden von Akkumulatoren . . . 7
   a) Hauptstrom-, Nebenschluſs- und Compoundmaschinen 7
   b) Doppelspannungsmaschinen . . . . . . . . . . . 12
   c) Zusatzmaschinen . . . . . . . . . . . . . . . . 13
5. Zellenschalter . . . . . . . . . . . . . . . . . . . . 16
6. Umschalter . . . . . . . . . . . . . . . . . . . . . 30
   a) Allgemeines . . . . . . . . . . . . . . . . . . 30
   b) Ampèremeter- und Ladeumschalter . . . . . . . . 32
   c) Reihenschalter . . . . . . . . . . . . . . . . . 33
   d) Voltmeterumschalter . . . . . . . . . . . . . . 38
7. Automatische Schalter . . . . . . . . . . . . . . . . 41
   a) Starkstromschalter . . . . . . . . . . . . . . . 41
   b) Schwachstromschalter . . . . . . . . . . . . . 44
   c) Spannungsschalter . . . . . . . . . . . . . . . 48
   d) Zellenschalter . . . . . . . . . . . . . . . . . 49
8. Stromrichtungszeiger . . . . . . . . . . . . . . . . 49

### 2. Abschnitt.
## Verschiedenes.

9. Über die Anzahl der Schaltzellen . . . . . . . . . . . 51
10. Über Parallelbetrieb und die Gröſsenverhältnisse zwischen Maschine und Batterie . . . . . . . . . . . . . . . . 54
11. Über den Anschluſs des Nebenschluſsregulators . . . 58
12. Über das Nachladen einzelner Zellen . . . . . . . . 61

### 3. Abschnitt.
## Schaltungsarten und Betriebsvorschriften.

13. Allgemeines . . . . . . . . . . . . . . . . . . . 67

### Schaltung I.
**Für Anlagen mit Doppelspannungsmaschine und Einfach-Zellenschalter.**

14. Gesamterläuterungen . . . . . . . . . . . . . . . 70

Inhaltsübersicht. VII

### 1. Schema Ig.
Für Doppelspannungsmaschine, Einfach-Zellenschalter und grofse Batterie.

15. Erläuterungen . . . . . . . . . . . . . . . . . . . 73
16. Betriebsvorschriften . . . . . . . . . . . . . . . . 78

### 2. Schema Ik.
Für Doppelspannungsmaschine, Einfach-Zellenschalter und kleine Batterie.

17. Erläuterungen . . . . . . . . . . . . . . . . . . . 87
18. Betriebsvorschriften . . . . . . . . . . . . . . . . 88

## Schaltung II.
### Für Anlagen mit Doppelspannungsmaschine und Doppel-Zellenschalter.

19. Gesamterläuterungen . . . . . . . . . . . . . . . . 93

### 1. Schema IIg.
Für Doppelspannungsmaschine, Doppel-Zellenschalter und grofse Batterie.

20. Erläuterungen . . . . . . . . . . . . . . . . . . . 100
21. Betriebsvorschriften . . . . . . . . . . . . . . . . 107

### 2. Schema IIk.
Für Doppelspannungsmaschine, Doppel-Zellenschalter und kleine Batterie.

22. Erläuterungen . . . . . . . . . . . . . . . . . . . 119
23. Betriebsvorschriften . . . . . . . . . . . . . . . . 120

## Schaltung III.
### Für Anlagen mit Zusatzmaschine.

24. Gesamterläuterungen . . . . . . . . . . . . . . . . 126

### 1. Schema IIINg.
Für Nebenschlufsmaschine, Zusatzdynamo und grofse Batterie.

25. Erläuterungen . . . . . . . . . . . . . . . . . . . 128
26. Betriebsvorschriften . . . . . . . . . . . . . . . . 132

### 2. Schema IIIaNg.
Für Nebenschlufsmaschine, Zusatzdynamo und grofse Batterie.
(Doppel-Zellenschalter.)

27. Erläuterungen . . . . . . . . . . . . . . . . . . . 138
28. Betriebsvorschriften . . . . . . . . . . . . . . . . 142

### 3. Schema IIINk.
Für Nebenschlufsmaschine, Zusatzdynamo und kleine Batterie.

29. Erläuterungen . . . . . . . . . . . . . . . . . . . 148
30. Betriebsvorschriften . . . . . . . . . . . . . . . . 150

VIII     Inhaltsübersicht.

**4. Schema III Cg.**
Für Compoundmaschine, Zusatzdynamo und grofse Batterie.
31. Erläuterungen . . . . . . . . . . . . . . . . . . . 153
32. Betriebsvorschriften . . . . . . . . . . . . . . . . 158

**5. Schema III Ck.**
Für Compoundmaschine, Zusatzdynamo und kleine Batterie.
33. Erläuterungen . . . . . . . . . . . . . . . . . . . 165
34. Betriebsvorschriften . . . . . . . . . . . . . . . . 167

## Schaltung IV.
### Für Anlagen mit Reihenschalter.
35. Gesamterläuterungen . . . . . . . . . . . . . . . 167

**1. Schema IV Ng.**
Für Nebenschlufsmaschine, Reihenschalter und grofse Batterie.
α) Während der Ladung dürfen Lampen brennen.
β) Während der Ladung dürfen keine Lampen brennen.
36. Erläuterungen zu IV Ng α . . . . . . . . . . . . . 171
37. Betriebsvorschriften zu IV Ng α . . . . . . . . . . 175
38. Erläuterungen und Betriebsvorschriften zu IV Ng β . . 180

**2. Schema IV Nk.**
Für Nebenschlufsmaschine, Reihenschalter und kleine Batterie.
α) Während der Ladung dürfen Lampen brennen.
β) Während der Ladung dürfen keine Lampen brennen.
39. Erläuterungen zu IV Nk α . . . . . . . . . . . . . 183
40. Betriebsvorschriften zu IV Nk α . . . . . . . . . . 184
41. Erläuterungen und Betriebsvorschriften zu IV Nk β . . 186

**3. Schema IV Ck.**
Für Compoundmaschine, Reihenschalter und kleine Batterie.
α) Während der Ladung dürfen Lampen brennen.
β) Während der Ladung dürfen keine Lampen brennen.
42. Erläuterungen zu IV Ck β . . . . . . . . . . . . . 187
43. Betriebsvorschriften zu IV Ck β . . . . . . . . . . 194
44. Erläuterungen und Betriebsvorschriften zu IV Ck α . . 198

**4. Schema IV Cg.**
Für Compoundmaschine, Reihenschalter und grofse Batterie.
α) Während der Ladung dürfen Lampen brennen.
β) Während der Ladung dürfen keine Lampen brennen.
45. Erläuterungen zu IV Cg α . . . . . . . . . . . . . 199
46. Betriebsvorschriften zu IV Cg α . . . . . . . . . . 203
47. Erläuterungen und Betriebsvorschriften zu IV Cg β . . 210

# Einleitung.

## 1. Verwendung der Akkumulatoren in Starkstromanlagen.

Die mafsgebenden Gründe, die in elektrischen Betrieben die Verwendung von Akkumulatorenbatterien geeignet erscheinen lassen, ebenso wie die Vorteile, welche die gemischten Betriebe von Maschinen und Akkumulatoren gegenüber den reinen Maschinenbetrieben bieten, sind verschiedener Art. In vielen Anlagen findet ein stark wechselnder Stromverbrauch statt, denn am Tage sowohl, als auch während des gröfsten Teiles der Nacht erreicht die im Betriebe befindliche Lampenzahl nur einen geringen Bruchteil der während einiger Abendstunden voll ausgenutzten und durch den Stromverbrauch dieser Stunden bedingten Leistungsfähigkeit der Maschinen. Diese offenbar nur unökonomische Ausnutzung der Maschinen- und event. Kesselanlage läfst sich durch Hinzufügung einer Akkumulatorenbatterie wesentlich günstiger gestalten, indem diese Akkumulatoren während der Zeit des geringsten Stromverbrauchs geladen werden, damit sie dann ihrerseits wieder die Maschine zur Zeit des gröfsten Stromverbrauchs unterstützen oder auch das Leitungsnetz, nachdem der Lichtstrom wieder auf ein gewisses Mafs gesunken ist, allein mit Strom versorgen können. So wird nicht nur eine wirtschaftlich günstigere Ausnutzung und bedeutende Verkleinerung des gesamten Betriebes, sondern auch eine wesentliche Verkürzung des täglichen Maschinenbetriebes erreicht.

Auch in Fabriken mit elektrischer Kraftübertragung bietet die Verwendung einer Akkumulatorenbatterie wesentliche Vorteile, indem sie auch hier zur Zeit des gröfsten Stromverbrauchs die Maschine unterstützt und indem sie während der Mittagsstunden und Arbeitspausen den Betriebsstrom für diejenigen Arbeitsmaschinen liefert, die während der Dauer des ganzen Tages in Betrieb gehalten werden müssen.

Ferner kann man die durch den unruhigen Gang einer Betriebsmaschine hervorgerufenen, sehr unangenehm wirkenden Lichtschwankungen durch Hinzufügung einer Akkumulatorenbatterie ausgleichen. Bei richtiger Wahl der Leistungsfähigkeit von Maschine und Batterie läfst sich so auch mit weniger gut regulierenden Dampfmaschinen, sowie mit eincylindrigen Gasmotoren ein genügend ruhiges Licht erzeugen.

Endlich werden die Akkumulatoren in jedem elektrischen Betriebe vorzüglich als Reserve des maschinellen Teiles der Anlage dienen, indem sie im stande sind, bei Betriebsstörungen auf einige Zeit einen bedeutend stärkeren als den normalen Entladestrom zu liefern, ohne dabei wesentlich Schaden zu nehmen.[1]

## 2. Über Akkumulatoren, ihre Ladung und Entladung.

Akkumulatoren, auch Sammler oder sekundäre Elemente, d. h. Elemente zweiter Ordnung, sind im Gegensatze zu den primären Elementen[2] solche, die nicht selbständig Elektricität erzeugen, wohl aber durch den Strom vorhandener Elektricitätsquellen derart chemisch verändert (geladen) wer-

---

[1] Diese stete Bereitschaft einer Batterie, die Stromlieferung bei plötzlichem Maschinendefekte augenblicklich und selbstthätig übernehmen zu können, bezeichnet man als Momentreserve.
[2] Primäre Elemente, d. h. Elemente erster Ordnung, sind solche, die selbst Strom erzeugen, nie aber durch andere Elektricitätsquellen geladen werden können. Da ihr Strom nur schwach oder von kurzer Dauer ist, werden sie in der Starkstromtechnik gar nicht benutzt, haben aber zum Betriebe von Haustelegraphen und Telephonen ausgedehnte Verwendung gefunden.

## 2. Über Akkumulatoren, ihre Ladung und Entladung.  3

den können, dafs sie dann später wieder eine bestimmte Strommenge, deren Entnahme auf ganz verschiedene Zeiten verteilt sein kann, abzugeben vermögen. Diese wiederzugebende Elektricitätsmenge erreicht, je nach dem Güteverhältnis des Akkumulators und der Dauer der Entladung, verschiedene Werte; unter normalen Verhältnissen wird die Batterie ca. 75 % der zur Ladung verwendeten Elektricitätsmenge wieder abgeben.

Die Klemmenspannung[1]) der in elektrischen Betrieben hauptsächlich verwendeten Bleiakkumulatoren schwankt im täglichen Betriebe zwischen 1,8 und 2,5 Volt[2]) pro Element, je nachdem sich der Akkumulator in entladenem oder geladenem Zustande befindet. Das Steigen und Fallen der Klemmenspannung wird beeinflufst durch die Stärke und Dauer des Lade- und Entladestromes.

---

[1]) Unter der Klemmenspannung versteht man, wie schon der Name sagt, nicht die im Innern der Stromquelle erzeugte Spannung, elektromotorische Kraft genannt, sondern lediglich die an den Polklemmen der Maschine selbst zu freier Verfügung stehende Spannung. Dieselbe ist stets um den im Innern der Stromquelle verursachten Spannungsverlust geringer als die elektromotorische Kraft selbst.

Vor allem sind bei dem elektrischen Strome zwei Gröfsen, die Spannung und die Stromstärke, zu unterscheiden, mit denen dann eine dritte Gröfse, der Widerstand des betreffenden Stromkreises, in engstem Zusammenhange steht.

Die Spannung eines Stromes ist der Druck, die treibende Kraft, die eine Bewegung der Elektricität im Stromleiter veranlafst, die gleichsam dazu dient, den elektrischen Strom durch seinen Leiter hindurchzupressen; sie entspricht dem in einer Wasserleitung herrschenden Drucke, der das in den Rohren befindliche Wasser zum Strömen bringt. Daraus ergiebt sich auch, dafs eine Batterie oder Dynamomaschine sehr wohl ihre normale Klemmenspannung haben kann, ohne selbst Strom für ein Leitungsnetz etc. zu liefern, genau so, wie auch eine Wasserleitung stets, auch wenn kein Wasser abzugeben ist, unter Druck bleibt.

Die Stromstärke hingegen ist die Menge, das Quantum der durch einen Leiter fliefsenden Elektricität, entsprechend der Menge des durch ein bestimmtes Rohr fliefsenden Wassers.

Der Widerstand eines Stromkreises endlich ist die Reibung, die sich der strömenden Elektricität beim Durchfliefsen des Leiters bietet, genau so, wie das Wasser an den Wänden der Röhren, in denen es fliefst, eine Reibung zu erleiden hat.

Wie die Menge des von einer Rohrleitung gelieferten Wassers abhängig ist von dem Wasserdrucke und dem Widerstande, den die Röhren dem fliefsenden Wasser bieten, so stehen auch beim elektrischen Strome die drei Gröfsen Spannung, Stromstärke und Widerstand in engstem Zusammenhange miteinander.

[2]) Das Volt (nach dem berühmten italienischen Physiker Volta benannt) ist die Einheit der elektrischen Spannung; es ist ungefähr gleich der Klemmenspannung eines Danielschen Elementes.

Die Einheit der Stromstärke hingegen ist das Ampère (nach dem französischen Physiker Ampère benannt); das ist der Strom, der entsteht, wenn in einem Stromkreise von 1 Ohm (Einheit des Widerstandes) Widerstand die Spannung von 1 Volt vorhanden ist.

Wenn die Ladung mit normaler Stromstärke erfolgt, setzt die Klemmenspannung zunächst mit etwa 2,0 Volt ein und steigt schnell, gleich in den ersten Minuten zu 2,1, dann aber langsam, erst nach mehreren Stunden zu 2,25 Volt an. Jetzt beginnen an den Platten kleine Gasbläschen emporzusteigen und die Spannung nimmt wieder rasch zu, bis zu dem normalen Grenzwerte von 2,5 Volt. Die normale Ladung ist nun beendet, denn die chemische Veränderung der Platten (Ladung) ist nahezu ganz vor sich gegangen, so dafs bei weiterer Fortsetzung der Ladung der gröfste Teil des Stromes nur noch eine Zerstörung der Flüssigkeit bewirken wird. Nach vorhergegangener Überanstrengung der Batterie, oder je nach Vorschrift der betreffenden Akkumulatorenfabrik, können aber auch Überladungen der Batterie vorgenommen werden, indem man die Ladung so lange fortsetzt, bis die Klemmenspannung pro Element von 2,5 weiter auf 2,7 Volt steigt und endlich in 2,75 Volt den höchsten Wert der Überladung erreicht.

Sofort nach Unterbrechung des Ladestromkreises sinkt nun die Klemmenspannung auf etwa 2,1 Volt und mit beginnender Stromlieferung weiter, gleich in den ersten Minuten auf 1,95 Volt herab. Dann bleibt sie bei normalem Entladestrome lange Zeit fast konstant, indem sie, ganz allmählich sinkend, erst nach mehreren Stunden den Wert von 1,9 Volt erreicht. Nun läfst die Konstanz wesentlich nach, denn bald sind 1,85 und noch schneller 1,8 Volt erreicht. Auf diesem Punkte der Entladung angekommen, mufs die Stromentnahme unbedingt unterbrochen werden, da bei weiterer Entladung die Elemente geschädigt werden, und die weiter noch zu gewinnende Elektricitätsmenge, der rapid fallenden Spannung wegen, ohne praktischen Wert ist.

## 3. Über die gegenseitige Verbindung und die Anzahl der zu praktischen Betrieben erforderlichen Elemente.

Da die Akkumulatoren mit ihrem positiven[1]) Pole einerseits und mit dem negativen anderseits an die Lichtleitung, also parallel zu letzterer, angeschlossen werden müssen, wenn sie sich an der Stromlieferung beteiligen sollen, so muſs ihre Spannung mit der des Lichtnetzes übereinstimmen. Der Höhe dieser Spannung entsprechend ist nun, je nach dem Sättigungsgrade der Batterie eine gröſsere oder kleinere Anzahl von Elementen, auch Zellen genannt, zu einer Batterie zu vereinigen und zwar, damit sich die Spannungen addieren, hintereinander zu schalten, d. h. so untereinander zu verbinden, daſs stets der negative Pol je eines Elementes mit dem positiven des anderen in Berührung gebracht wird.

Unter Zugrundelegung von 1,85 Volt als niedrigste Entladespannung einer einzelnen Zelle erhält man die Anzahl der bei reiner Hintereinanderschaltung erforderlichen Elemente durch Division der normalen Lichtspannung durch 1,85, wonach sich für Anlagen mit den üblichen Lichtspannungen[2]) von 65 und 110 Volt entsprechend ergeben:

$$65 : 1,85 = \sim 36 \text{ Zellen und}$$
$$110 : 1,85 = \sim 60 \text{ „}$$

Treten in den Leitungen bedeutende Spannungsverluste auf, so ist die gefundene Zellenzahl noch entsprechend zu vergröſsern.

---

[1]) Ein Akkumulator besitzt, wie jede elektrische Stromquelle, einen positiven und einen negativen Pol, deren ersteren man mit dem Zeichen + (gelesen plus) und deren zweiten mit — (gelesen minus) zu bezeichnen pflegt.

[2]) Für die hier in Betracht kommenden Verhältnisse sind hauptsächlich zwei Licht- oder Betriebsspannungen, 65 und 110 Volt, von Wichtigkeit, erstere, weil sie sich noch in vielen schon bestehenden älteren Betrieben findet, und letztere, weil die überwiegende Mehrzahl der modernen Betriebe (Stadtcentralen natürlich ausgeschlossen) mit 110 Volt Lichtspannung arbeitet. Höhere Spannungen, bis 250 Volt, fanden sich früher nur ganz vereinzelt, mehren sich aber neuerdings zusehends, da die moderne Installationstechnik wesentliche Fortschritte gemacht hat, und es gelungen ist, auch für höhere Spannungen als 110 Volt haltbare Glühlampen herzustellen. Indessen erscheint es vorläufig nicht erforderlich, auch diese, noch voneinander sehr variierenden Betriebsspannungen näher zu berücksichtigen.

Die gleichzeitige Ladung aller Elemente in Hintereinanderschaltung, also in einer Reihe, ist jedoch nur dann möglich, wenn sich die Maschinenspannung auf die gegen Ende der Ladung erforderliche Höhe steigern läfst. Andernfalls mufs die Ladung in mehreren, gewöhnlich zwei, parallel geschalteten Reihen erfolgen, die dann zur Lichtlieferung mit Hilfe eines Reihenschalters (s. Seite 33) wieder hintereinander geschaltet werden.

1. Abschnitt.
# Maschinen und Schaltapparate.

## 4. Dynamomaschinen zum Laden von Akkumulatoren.

*a) Hauptstrom-, Nebenschluſs- und Compoundmaschinen.*

Je nach der zwischen dem Anker und der Magnetwickelung einer Dynamomaschine hergestellten Verbindungsart unterscheidet man Hauptstrom-, Nebenschluſs- und Compoundmaschinen. Jede dieser drei Maschinenarten hat in Bezug auf Strom- und Spannungsverhältnisse ihre eigene Charakteristik, weshalb auch in elektrischen Betrieben, den Umständen entsprechend, bald diese, bald jene Schaltungsart Verwendung findet. Auch zum Laden von Akkumulatoren sind nicht alle drei Arten gleich gut geeignet.

Mit Hauptstrommaschinen, das sind solche, bei denen die Magnetwickelung aus wenigen Windungen starken Drahtes besteht, die mit dem Anker und dem äuſseren Stromkreise hintereinander geschaltet, vom gesamten Maschinenstrome durchflossen werden (s. Fig. 1), lassen sich Akkumulatoren nur unter sehr erschwerenden Umständen laden. Zunächst bietet die Regulierung der Klemmenspannung Schwierigkeiten, weil entweder die Tourenzahl oder der Widerstand des Hauptstromkreises in weiten Grenzen zu verändern ist. Auch muſs eine Hauptstrommaschine, bevor sie mit der Batterie in Verbindung gebracht wird, auf einen toten Widerstand anlaufen, weil sie sich nur bei geschlossenem Haupt-

8   1. Abschnitt. Maschinen und Schaltapparate.

stromkreise erregen kann, während ihre Spannung schon im Augenblicke des Einschaltens mindestens die Höhe der Akkumulatorenspannung besitzen mufs. Die Ladung selbst ist nur mit gröfster Vorsicht durchführbar, weil der durch das zufällige Sinken der Maschinenspannung bedingte Rückstrom, den die Maschine aus der Batterie erhält, nicht nur die Richtung des Anker-, sondern auch die des Magnetstromes umkehrt und somit eine vollständige Umpolarisierung der Ma-

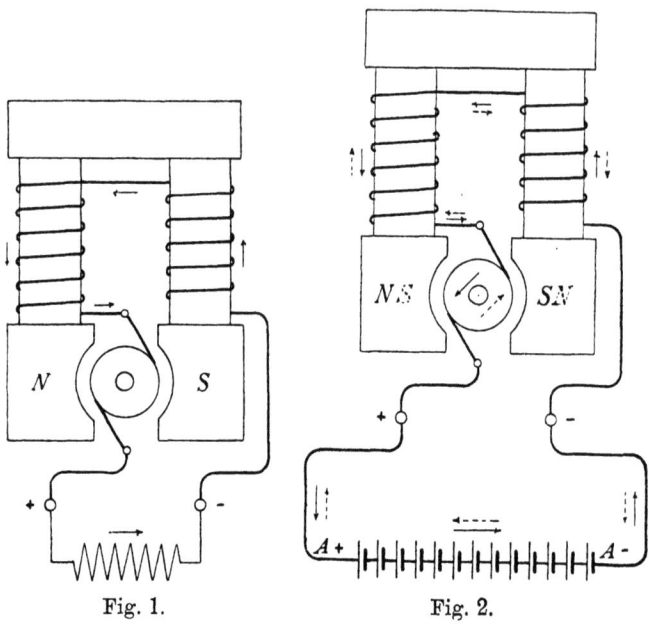

Fig. 1.   Fig. 2.

schine bewirkt. Der Maschinenstrom hat nun seine Richtung dauernd geändert, und man mufs, um die Ladung fortsetzen zu können, die Pole der Maschine oder die der Batterie vertauschen oder aber die Maschine selbst wieder umpolarisieren. Es ist erklärlich, dafs sich ein derartiger Betrieb praktisch nicht durchführen läfst. Fig. 2 stellt eine Hauptstrommaschine, die mit einer Batterie zur Ladung verbunden ist, schematisch dar und soll den eben erwähnten Ladebetrieb veranschaulichen. Im normalen Zustande fliefst der Strom in der Rich-

4. Dynamomaschinen zum Laden von Akkumulatoren.

tung der ausgezogenen Pfeile, während die gestrichelten Pfeile die Richtung des Stromes nach dem „Umschlagen" bezeichnen.

Die Nebenschlufsmaschine hingegen, deren Magnetwickelung aus vielen dünnen Windungen besteht, eignet sich vorzüglich zum Laden von Akkumulatoren. Da die Magnet-

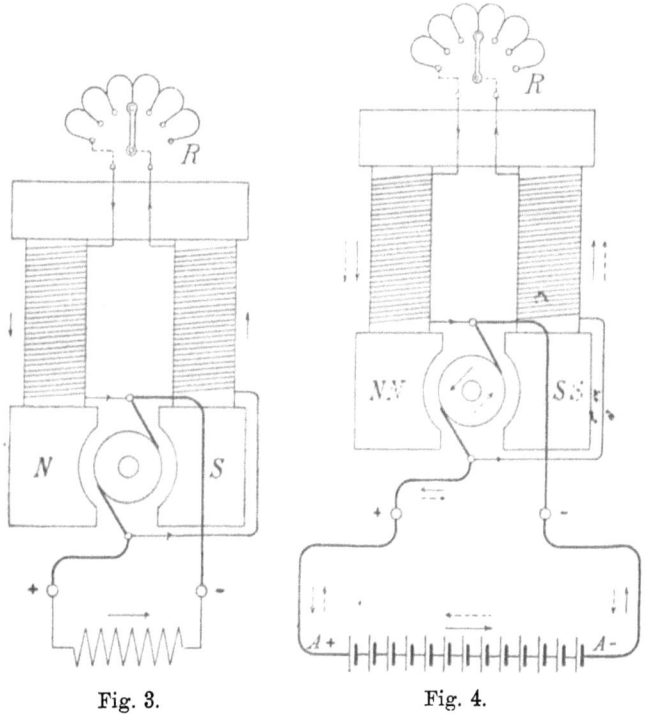

Fig. 3. Fig. 4.

leitung, wie aus Fig. 3 ersichtlich, direkt an die Bürsten angeschlossen ist, also einen Nebenschlufs zum Ankerstromkreise bildet, kann die Maschine mit ihrer Hilfe unabhängig vom Hauptstromkreise erregt und ihre Spannung durch Verändern eines in dieser Magnetleitung liegenden Widerstandes beliebig reguliert werden. Dieser in Fig. 3 mit $R$ bezeichnete Widerstand, Nebenschlufsregulator genannt, mufs nicht unbedingt zwischen die beiden Magnetschenkel geschaltet sein, son-

1. Abschnitt. Maschinen und Schaltapparate.

dern kann auch, wie in **11** auf Seite 58 näher besprochen, zwischen der Magnetleitung und dem Anker liegen. Wenn eine Nebenschlufsmaschine durch zufälliges Sinken ihrer Spannung Rückstrom aus der Batterie erhält, so kann, wie aus Fig. 4 ersichtlich ist, nur der Strom im Anker, nie aber der in der Magnetleitung seine Richtung umkehren.

Mithin bleibt auch der Magnetismus in den Schenkeln und demzufolge auch die Polarität der Maschine (ebenfalls aus Fig. 4 ersichtlich) unverändert, so dafs, wenn die Tourenzahl wieder zunimmt und die frühere Spannungsverteilung wieder hergestellt ist, die Batterie wie vorher Strom erhalten und somit die Ladung ihren Fortgang nehmen wird. Dieser Unmöglichkeit der Umpolarisierung durch Rückstrom verdankt die Nebenschlufsmaschine ihre allgemeine Verwendung zum Laden von Akkumulatoren.

Auch Compound- oder Doppelschlufsmaschinen,[1]) das sind solche, deren Magnetschenkel mit gemischter Wickelung, d. h. sowohl mit Hauptstrom- als auch mit Nebenschlufswindungen versehen sind, wie aus Fig. 5 ersichtlich ist, lassen sich, wenn auch nur ungünstig ausgenutzt, zum Laden von Akkumulatoren verwenden. Zu diesem Zwecke schaltet man, wie Fig. 6 erkennen läfst, die Hauptstromwindungen während der Ladung aus, indem man die Batterie direkt an die Bürsten legt, wodurch dieselben Betriebsverhältnisse wie bei Ladung mit einer gewöhnlichen Nebenschlufsmaschine entstehen.

Noch ungünstiger, und daher in der Praxis nie angewandt, ist die Benutzung einer Compoundmaschine als solche direkt zur Ladung, weil die Gefahr des Umpolarisierens nicht vermieden wird, indem ein eventuell entstehender Rückstrom die Compoundwickelung in entgegengesetzter Richtung durchfliefsen wird und dadurch leicht die Oberhand über die Nebenschlufswindungen gewinnend, eine Umpolarisierung der Maschine hervorrufen würde, aufserdem aber, weil die Regulierung der Ladestromstärke zufolge der Konstanz der Maschinenspannung nur durch Veränderung der Tourenzahl oder mit Hilfe eines genügend grofsen Vorschaltwiderstandes in weiteren Grenzen geändert werden kann.

---

[1]) Nicht zu verwechseln mit Doppelspannungsmaschinen (s. S. 12).

## 4. Dynamomaschinen zum Laden von Akkumulatoren. 11

Die Richtung und Stärke des zwischen Maschine und Batterie fliefsenden Stromes ist von dem Verhältnis ihrer Spannungen abhängig. Ist die Differenz dieser Spannungen gleich Null, so wird zwischen Maschine und Batterie kein Strom cirkulieren, sobald jedoch die Spannung der Maschine überwiegt, wird Strom von dieser aus, im entgegengesetzten

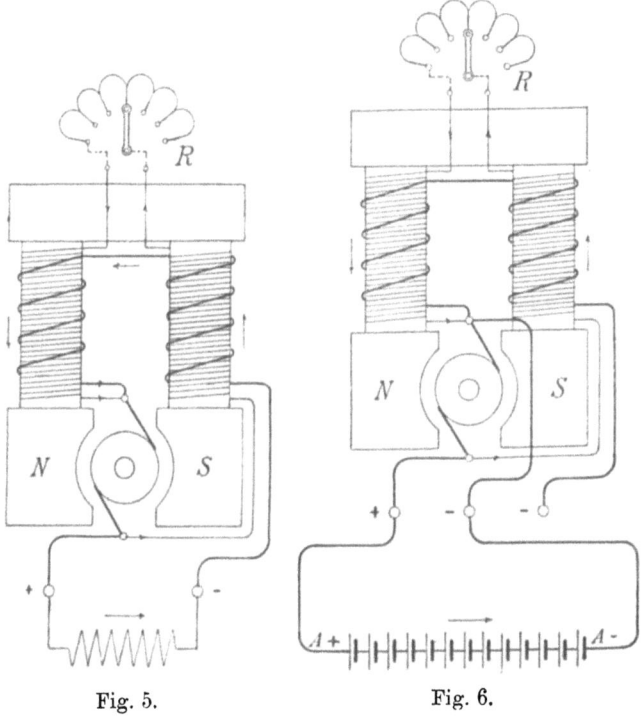

Fig. 5.    Fig. 6.

Falle aber solcher von der Batterie aus durch die Verbindungsleitungen fliefsen. Demnach mufs die Spannung der Maschine während der Ladung höher sein, als die der Batterie und mufs, wenn die Ladung mit gleichbleibender Stromstärke erfolgen soll, dem allmählichen Wachsen der Akkumulatorenspannung entsprechend, mehr und mehr gesteigert werden. Da nun die Spannung einer jeden Akkumulatorenzelle während der Ladung (s. Seite 3) von 1,8 auf 2,5, also um 0,7 Volt steigt, so ist bei Verwendung von 36 Elementen ein Spannungszuschlag von $36 \cdot 0{,}7 = \sim 25$ Volt und bei 60 Elementen ein solcher von $60 \cdot 0{,}7 = \sim 40$ Volt erforderlich, so daſs die Spannung der Lademaschine im ersten Falle von 65 auf 90 Volt und im zweiten von 110 auf 150 Volt regulierbar sein muſs. Dieser Spannungszuschlag kann nun mit Hilfe einer kleinen Dynamomaschine, einer sogenannten Zusatzdynamo,[1]) die nur für ganz geringe Spannungen (bis 25 resp. bis 40 Volt) gebaut ist, aufgebracht werden, oder man schaltet die Batterie während der Ladung in zwei Hälften der Maschine parallel (Ladung in zwei Reihen), oder endlich, die Maschine besitzt von vornherein eine genügend groſse Regulierfähigkeit. Der letztere Betrieb ist am weitesten verbreitet und soll deshalb zuerst Erwähnung finden. Es ist der Betrieb mit

*b) Doppelspannungsmaschinen.*

Als Doppelspannungsmaschinen bezeichnet man Nebenschluſsdynamos, deren Spannung sich in weiten Grenzen verändern läſst, die gewissermaſsen „doppelte" Spannung zu geben vermögen. Die Magnetwindungen dieser Maschinen sind so bemessen, daſs man die Klemmenspannung mit Hilfe des Nebenschluſsregulators ohne weiteres von der Licht- auf die Ladespannung erhöhen kann. Wenn auch die Doppelspannungsmaschinen ihres einfachen Betriebes wegen in der Praxis die ausgedehnteste Verwendung gefunden haben, so ist ihnen doch der Nachteil eigen, daſs sie stets mit geringerem Wirkungsgrade arbeiten, als wenn sie in derselben Modellgröſse für eine annähernd konstant bleibende Spannung gebaut sein würden. Dazu tritt dann noch in nicht seltenen Fällen eine an sich ungünstige Belastung und Ausnützung der Maschine, indem Doppelspannungsmaschinen, die gleichzeitig Lade- und Lichtstrom zu liefern haben, während dieser Zeit durch die erforderliche Spannungserhöhung weit stärker belastet laufen, als bei normalem Lichtbetriebe, wenn anders

---

[1]) Das Wort Dynamo ist eine in der Praxis häufig vorkommende Abkürzung für „Dynamomaschine" und soll der Kürze wegen auch hier mitunter gebraucht werden.

### 4. Dynamomaschinen zum Laden von Akkumulatoren. 13

der Anker solcher Maschinen nicht unnötig viel Kupfer erhalten soll, damit er bei geringerer Spannung einen entsprechend stärkeren Strom zu liefern vermag.

Wenn sich die Klemmenspannung einer Maschine nicht in wünschenswerter Weise erhöhen läfst, und wenn man dennoch eine ungünstige Ausnutzung der Maschine durch Ladung der Batterie in zwei Reihen (s. unter Schaltung IV, S. 167—210) umgehen will, erhöht man die Klemmenspannung im Ladestromkreise mittels einer Zusatzmaschine.

#### c) Zusatzmaschinen.

Als Zusatzmaschinen verwendet man kleine Nebenschlufsdynamos, die nur den zur Ladung erforderlichen Spannungszuschlag bei der maximalen Ladestromstärke der Batterie zu liefern haben. Zu diesem Zwecke schaltet man eine solche Maschine, wie aus Fig. 7 zu ersehen ist, direkt in die Ladeleitung, also so, dafs sich ihre Spannung zu derjenigen der Hauptmaschine addiert. Letztere ist in Fig. 7 mit $M_I$ und die Zusatzdynamo mit $M_{II}$ bezeichnet. $A+$ ist der positive und $A-$ der negative Pol der Batterie, deren einzelne Elemente wie allgemein üblich, durch abwechselnd aufeinander folgende schwache und starke Striche angedeutet werden sollen. Die Nebenschlufswindungen und die Nebenschlufsregulatoren sind schematisch dargestellt und erstere mit $Nb_1$ und $Nb_2$ und letztere mit $R_1$ und $R_2$ bezeichnet. Des leichteren Überblickes wegen ist hier nicht nur die Haupt-, sondern auch die Zusatzmaschine mit Selbsterregung (s. unter 11, S. 58) angegeben. In Wirklichkeit wird jedoch die Zusatzmaschine — wie auch in den später folgenden Schaltungsschemen allgemein angenommen — durch die Hauptmaschine oder durch die Batterie erregt, damit die Magnetschenkel stets genügend gesättigt werden, um den Ladestrom auf normaler Höhe erhalten zu können, vor allem auch dann noch, wenn die Maschine nur ganz geringe Spannungen zu erzeugen braucht, wie sie z. B. beim schwankungsfreien Übergange zur Ladung (s. S. 144) oder beim Nachladen einzelner Zellen (s. S. 61) erforderlich sind. Den Nebenschlufsregulator nimmt man dann entsprechend grofs, um eine in weiten Grenzen variierende

Regulierfähigkeit zu erzielen. Die Hauptmaschine wird nun stets mit gleichbleibender Klemmenspannung arbeiten und das Lichtnetz (in Fig. 7 mit $N$ bezeichnet) direkt mit Strom versorgen, während die Zusatzdynamo, deren Spannung durch ihren Nebenschlußregulator $R_2$ beliebig verändert werden kann, den während der Ladung in jedem Augenblicke er-

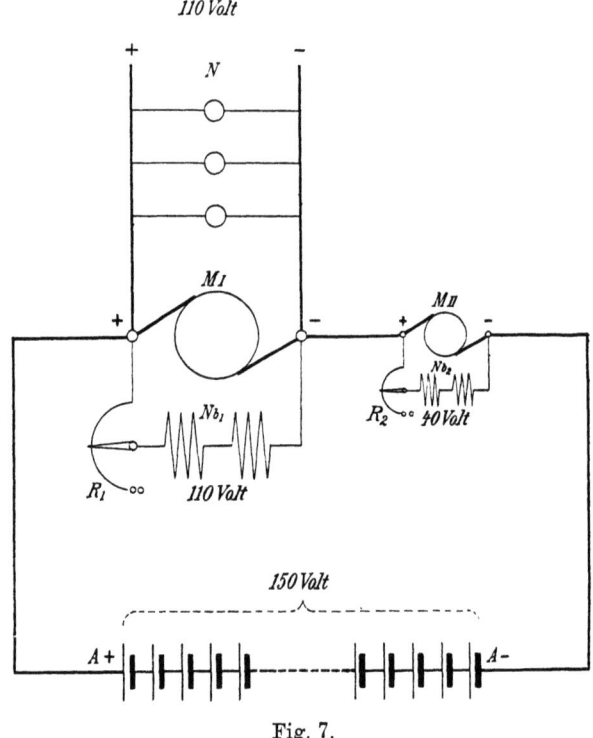

Fig. 7.

forderlichen Spannungszuschlag liefert. Nach den Einzeichnungen der Fig. 7 giebt $M_I$ 110 und $M_{II}$ 40 Volt, so daß im Akkumulatorenstromkreise eine Gesamtspannung von 150 Volt zum Laden der Batterie zur Verfügung steht, während die Betriebsspannung des Lichtnetzes $N$ ihren normalen Wert von 110 Volt behält. Diese Art der Ladung bietet verschiedene Vorteile.

### 4. Dynamomaschinen zum Laden von Akkumulatoren. 15

Zunächst wird die Hauptmaschine, da ihre Spannung stets konstant bleibt, während der Ladezeit nie durch Spannungssteigerung höher in Anspruch genommen und kann deshalb von kleinerer Bauart sein und mithin wieder günstiger ausgenutzt werden, als dies bei Verwendung einer Doppelspannungsmaschine der Fall sein würde. Weil ferner diese Betriebsart auch während der Ladung eine beliebig grofse Stromabgabe in das Leitungsnetz gestattet, wird sie mit Vorteil verwendet, wenn der bei gleichzeitiger Ladung im Lichtnetze gebrauchte Betriebsstrom die bei Verwendung von Doppel-Zellenschaltern zulässige Maximalstärke (s. Seite 94) übersteigt. Ganz besonders eignet sich dieser Betrieb daher für elektrische Kraftanlagen, weil in denselben auch während der Ladezeit viel Betriebsstrom im Leitungsnetze zum Speisen von Motoren gebraucht wird. Diesen Betriebsstrom liefert die Hauptmaschine, die in solchen Fällen als Compounddynamo gewickelt ist, unter konstanter Spannung direkt in das Leitungsnetz. Die Zusatzmaschine dagegen, die in Hintereinanderschaltung mit der Batterie an die Bürsten, also an die Nebenschlufswindungen der Compoundmaschine angeschlossen wird, ist nur während der Ladezeit in Betrieb, um für die erforderliche Spannungserhöhung des Ladestromes zu sorgen. Aber auch in kleinen Betrieben, besonders wenn nachträglich eine Batterie zur Aufstellung kommt, die vorhandene Lichtmaschine aber keine Spannungssteigerung zuläfst und dennoch die Ladung in zwei Reihen, der entstehenden Verluste wegen, vermieden werden soll, findet eine Zusatzmaschine mit Vorteil Verwendung.

In allen diesen Fällen bringt die Aufstellung einer Zusatzmaschine aber noch die weitere Annehmlichkeit, dafs man ohne wesentliche Mehrkosten den Betrieb jederzeit so einrichten kann, dafs die Zusatzmaschine zugleich auch zum Nachladen einzelner in der Ladung etwas zurückgebliebener Zellen (s. Seite 61) zu verwenden ist, ein Faktor, der ganz wesentlich dazu beiträgt, alle Elemente einer Batterie in gleich gutem Zustande zu erhalten.

Da die Zusatzmaschine die Ladestromstärke nur unter ganz geringer Spannung (bis 25 oder bis 40 Volt) zu liefern

1. Abschnitt. Maschinen und Schaltapparate.

braucht, wird sie stets von kleiner Bauart sein. Man treibt sie entweder mittels eines Riemens oder durch einen direkt gekuppelten Elektromotor an.

## 5. Zellenschalter.

Da die Klemmenspannung einer geladenen Batterie höher ist als die Netzspannung, und da sie während der Entladung in demselben Verhältnis wie die eines jeden Elementes sinkt, so mufs man eine Reguliervorrichtung anbringen, mit deren Hilfe man stets in der Lage ist, die Spannung des Akkumulatorenstromes auf der vorschriftsmäfsigen Betriebsspannung zu erhalten. Diese Regulierung ist nun auf zweierlei Weise zu ermöglichen. Erstens kann man den jeweilig herrschenden Spannungsüberschufs durch einen zwischen Batterie und Lichtleitung gelegten Vorschaltwiderstand verzehren, was jedoch wegen der entstehenden Stromverluste nicht zu empfehlen ist und auch nur selten Verwendung gefunden hat. Eine zweite und zwar allgemein gebräuchliche Methode, die Netzspannung konstant zu halten, besteht darin, dafs man bei Beginn der Entladung mit Hilfe eines geeigneten Apparates, des Zellenschalters, so viele Zellen von der Batterie abschaltet, als zur Einhaltung der Normalspannung erforderlich sind. Wenn dann nach einer bestimmten Stromlieferung die Klemmenspannung der Batterie sinkt, ist man in der Lage, dieselbe durch allmähliches Zuschalten der dann noch in Reserve stehenden Zellen wieder erhöhen zu können. Wie aus der schematischen Darstellung der Fig. 8 ersichtlich ist, besteht ein Zellenschalter aus einem Schalthebel $Z_e$, der auf einer Anzahl von Kontakten *1, 2, 3, 4* u. s. w. schleift, die der Reihe nach mit der ersten, zweiten, dritten u. s. w. Zelle der Batterie in Verbindung stehen.[1] Mit der Lichtleitung $N$ ist einerseits der Zellenschalterhebel $Z_e$, anderseits die letzte Zelle der Batterie bei $x$ in Verbindung gebracht. Dementsprechend wird bei Stellung des Hebels auf Kontakt *1* die

---

[1] Der Zellenschalter erhält stets einen Kontakt mehr, als Schaltzellen vorhanden sind. Über die Anzahl der Schaltzellen s. unter **9**, S. 51.

18  1. Abschnitt. Maschinen und Schaltapparate.

verluste, anderseits braucht auch die Maschine nicht mit so hoher Ladespannung und mithin Gesamtbelastung zu laufen, als dies bei dauernder Einschaltung aller Elemente in den Ladestromkreis erforderlich wäre. Dieser Ladebetrieb ist in Fig. 9 veranschaulicht, indem $M$ die Maschine darstellt, deren Strom über $a$ und $x$ nach $A+$ gelangt, die Batterie durchfliefst und endlich über den Zellenschalter $Z_l$ und die Verbindungsleitung $d$ zur Maschine zurückkehrt.

Die Kontaktstücke des Zellenschalters dürfen nun nicht etwa beliebig weit voneinander entfernt stehen, sondern

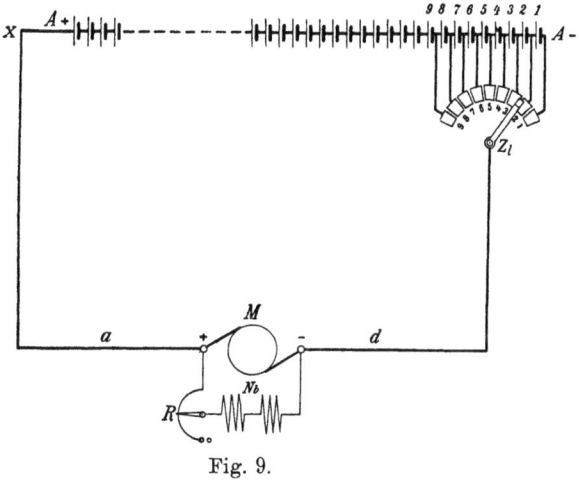

Fig. 9.

müssen so angeordnet sein, dafs der Schalthebel stets schon das Kontaktstück der nächsten Zelle berührt, ehe er das der vorhergehenden verlassen hat, weil sonst der durch diesen Zellenschalter der Batterie entnommene oder durch ihn in sie hineingesandte Strom bei jeder Regulierung eine völlige Stromunterbrechung zu erleiden hätte. So oft nun der Schleifhebel, von einem Kontaktstücke zum anderen übergehend, momentan beide berührt, wird durch ihn die zwischen den betreffenden Kontakten liegende Zelle (in Fig. 9 Zelle 2) einen Kurzschlufs erleiden. Um diesen Kurzschlufs, durch den die Zellen geschädigt und die Zellenschalterteile verbrannt werden, zu ver-

## 5. Zellenschalter.

ganze Batterie, dann aber bei Weiterdrehung desselben von Kontakt zu Kontakt, je ein Element weniger an der Stromlieferung beteiligt sein, indem der Strom, von der letzten Zelle kommend, über $x$ und $b$ zum Lichtnetz $N$ und von da aus über $c$ und den Zellenschalter $Z_e$ zur Batterie zurückfließt. Umgekehrt wird deshalb auch der Hebel $Z_e$ bei eben geladener Batterie nicht auf Kontakt $1$, sondern weiter links, etwa auf $8$ oder $7$ zu stellen sein, und erst im Laufe der Entladung nach und nach von einem Kontakte zum andern nach rechts hin verschoben werden, so, daß die Lichtspannung bei $N$ stets konstant bleibt.

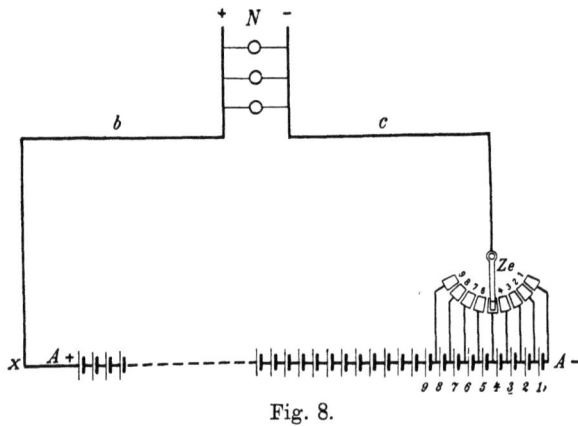

Fig. 8.

Zellenschalter werden aber nicht nur zur Konstanthaltung des Entladestromes benutzt, sondern dienen vorteilhaft auch zur Ladung (s. Fig. 9) selbst, indem man die Batterie nicht unter dauernder Einschaltung aller Elemente lädt, sondern unter anfänglicher Stellung des Hebels $Z_l$ auf Zelle $1$ zunächst die ganze Batterie mit Ladestrom versorgt, dann aber durch Drehen des Hebels $Z_l$ auf Kontakt $2$, $3$ u. s. w., die einzelnen Schaltzellen, die ja wegen ihrer geringeren Beanspruchung während der vorhergegangenen Entladung bald gefüllt sein werden, wieder entsprechend eher abschaltet. Einerseits vermeidet man auf diese Weise eine dauernde Schaltzellenüberlastung und die durch sie bedingten Strom-

## 5. Zellenschalter.

meiden, kann man zwischen den mit der Batterie verbundenen Kontaktstücken noch kleine Metallflächen anordnen, deren jede, wie aus Fig. 10 ersichtlich, mit dem vorhergehenden gröfseren Kontaktstücke durch einen, in Fig. 10 spiralförmig gewundenen und mit $W_1$, $W_2$ u. s. w. bezeichneten Drahtwiderstand verbunden ist. Fig. 10 veranschaulicht genau so wie Fig. 9 den Moment, in dem die Ladung der Zelle 2 beendet ist, und demnach gerade ihre Abschaltung erfolgen soll. Ohne weiteres ist ersichtlich, dafs die betreffende Zelle nun keinen Kurzschlufs mehr zu erleiden hat, weil der in besagter Stellung über den Schalthebel fliefsende Strom des Elementes 2 nicht mehr eine widerstandslose Verbindung vorfindet, sondern auf seinem Wege den zwischen Kontakt 2' und 2 liegenden Widerstand $W_2$ passieren mufs, der, wie auch die übrigen Zwischenwiderstände so bemessen ist,

Fig. 10.

Fig. 11.

dafs kein stärkerer als der maximale Entladestrom des Elementes zustande kommen kann.

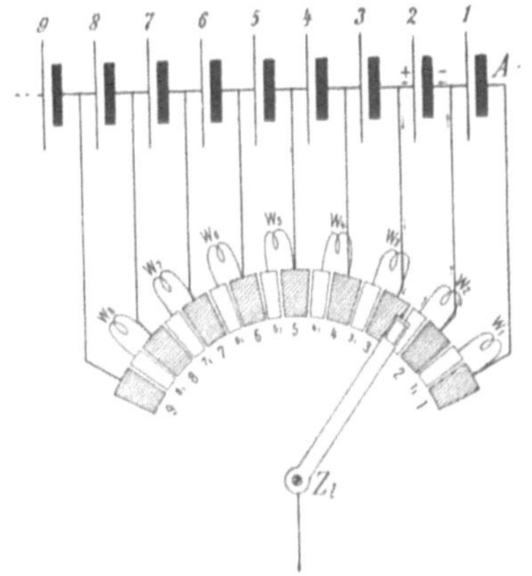

1. Abschnitt. Maschinen und Schaltapparate.

Fig. 11 zeigt einen derartigen Zellenschalter; man kann deutlich die mit Kabelschuhen versehenen grofsen Kontaktflächen von den kleineren Zwischenstücken unterscheiden. Die Widerstände befinden sich in dem mit perforiertem Blech umgebenen Hohlraume unter der Schaltplatte.

Neuerdings findet sich diese Konstruktion nur noch vereinzelt, weil man durch besondere Anordnung des Schalthebels die Zwischenwiderstände bis auf einen einzigen entbehren und somit Material und Platz sparen kann. Dieser Zwischenwiderstand wird, wenn nicht zu umfangreich, gewöhnlich an oder auf dem Schleifhebel selbst angeordnet. In Fig. 12 ist diese Konstruktion schematisch dargestellt. An dem Schalthebel $a$ ist seitlich eine kleine Schleiffeder $b$ isoliert befestigt und zwar so, dafs sie schon das nächste Kontaktstück berührt, ehe der Hebel $a$ das der vorhergehenden Zelle verlassen hat. Der wieder entsprechend dimensionierte Zwischenwiderstand $c$ verbindet $a$ mit $b$ und verhindert die Überanstrengung der zwischengeschalteten Zelle. Dieses Prinzip liegt den meisten Zellenschalterkonstruktionen zu Grunde. In manchen Betrieben wird sowohl zur Abschaltung der Schaltzellen während der Ladung, als auch zur Wiederzuschaltung derselben während der Entladung ein und derselbe Apparat benutzt. Selbstverständlich kann in derartigen Anlagen, wenn nicht noch andere Vorkehrungen[1]) getroffen werden, zu gleicher Zeit entweder nur geladen oder nur entladen werden.

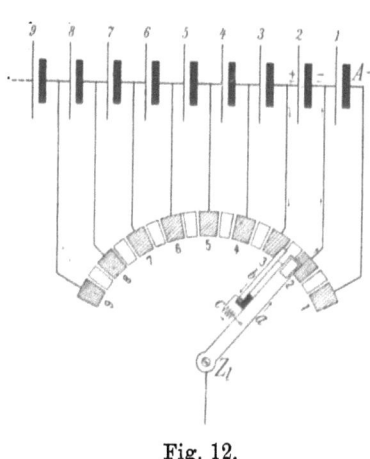

Fig. 12.

Einige praktische Ausführungen derartiger, als Einfach-Zellenschalter bezeichneter Apparate sind in Fig. 13—15

---
[1]) Z. B. Reihenschalter oder Zusatzmaschine.

## 5. Zellenschalter.

dargestellt. Aus Fig. 13, die einen Zellenschalter der „Akkumulatorenfabrik, Aktien-Gesellschaft" in Hagen veranschau-

Fig. 13.

licht, ist die Anordnung der beiden Schleifbürsten, die durch

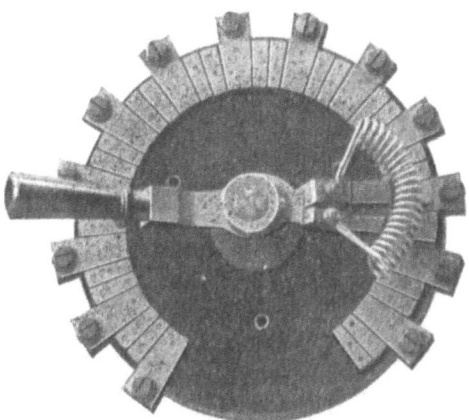

Fig. 14.

den zu einer Spirale gewundenen Zwischenwiderstand miteinander verbunden sind, ohne weiteres zu ersehen. Der

22    1. Abschnitt. Maschinen und Schaltapparate.

von den Kontakten zum Hebel fliefsende Batteriestrom wird durch eine besondere, auf dem kreisförmigen Schleifringe aufliegende Bürste der Verbrauchsleitung zugeführt.

Noch deutlicher ist an der durch Fig. 14 veranschaulichten Konstruktion der Firma Paul Eisenstuck in Leipzig die

Fig. 15.

Anordnung der Schleifbürsten und des Zwischenwiderstandes zu erkennen. Die zwischen je zwei der Zellenkontakte liegenden schmäleren Metallstreifen verhindern ein Abgleiten der Schleifbürsten beim Drehen des Hebels. Die Verbindung des letzteren mit der Verbrauchsleitung wird nicht durch eine besondere Schleiffeder, sondern durch die Drehachse selbst bewirkt. Der Zellenanschluſs kann sowohl mit Kabelschuhen auf der Vorderseite, als auch durch Bolzen von der Rückseite des Apparates aus erfolgen.

Eine Konstruktion von Dr. Paul Meyer in Berlin ist durch Fig. 15 dargestellt. Auch hier erscheint der über dem Hebel angeordnete Zwischenwiderstand spiralförmig gewunden, wogegen von den beiden Schleifbürsten nur die eine sichtbar ist. Die Gleitbahn des Schalthebels, durch dessen Achse zugleich die Stromzuführung erfolgt, wird durch die beiderseitigen Anschlagstifte begrenzt. Statt der schmäleren Metallstreifen sind zwischen die Kontaktflächen entsprechend geformte Glasstücke eingefügt.

Wenn in einem Betriebe mit Doppelspannungsmaschine gearbeitet und auch während der Ladung Betriebsstrom im Lichtnetze gebraucht wird, sind zwei Zellenschalter zu verwenden, deren einer, wie in Fig. 9 angegeben, mit der Maschine zu verbinden ist

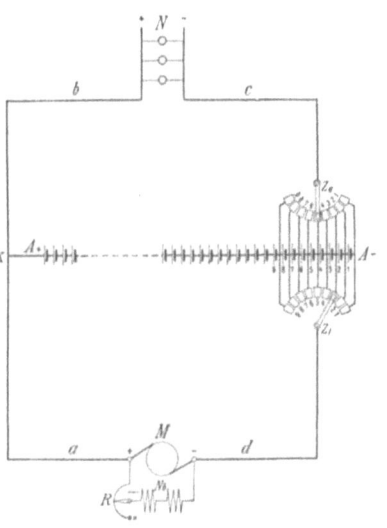

Fig. 16.

und zur Ladung (Ladezellenschalter) benutzt wird, während der andere, nach Anordnung der Fig. 8 an das Leitungsnetz angeschlossen, zur Versorgung desselben mit Betriebsstrom sowohl während der Ladung als auch Entladung dient und den Namen Entladeschalter führt. Durch Vereinigung der Fig. 8 und 9 ist demnach in Fig. 16 schon das Wesentliche der Schaltung für einen normalen Lichtbetrieb unter Verwendung eines Doppel-Zellenschalters schematisch dargestellt. Über die für einzelne Zwecke noch erforderlichen Abänderungen etc. wird später in eingehender Weise gesprochen werden.

**24**  1. Abschnitt. Maschinen und Schaltapparate.

Gewöhnlich vereinigt man Lade- und Entladeschalter in einem Apparate, der dann den Namen Doppel-Zellenschalter führt und der, wie auch der Einfach-Zellenschalter, sowohl mit kreisförmiger als auch mit geradliniger Anordnung der Zellenkontakte ausgeführt wird. Bei der kreisförmigen Anordnung pflegt man Lade- und Entladehebel auf einer gemeinsamen Achse, aber voneinander isoliert, anzubringen, wohingegen bei geradliniger Anordnung jeder der beiden Kontaktschlitten von einer besonderen Schraubenspindel oder Gleitschiene oder von beiden zusammen getragen wird. In

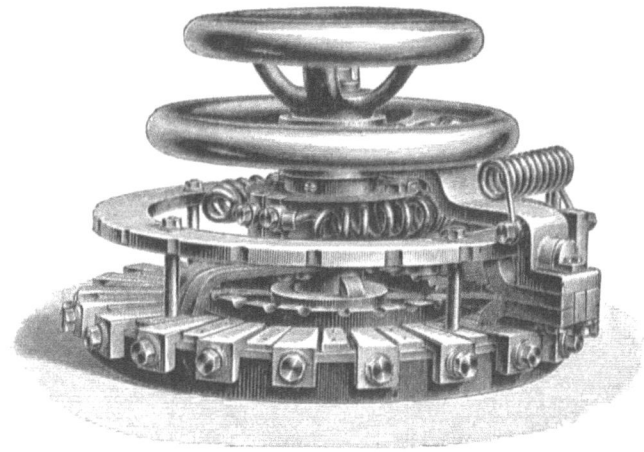

Fig. 17.

beiden Fällen ist gewöhnlich nur eine Reihe von Zellenkontakten vorhanden, die dem Lade- und Entladehebel zugleich als Schleiffläche dient. Doppel-Zellenschalter verschiedener Bauart sind in Fig. 17—21 wiedergegeben.

Bei der durch Fig. 17 veranschaulichten Konstruktion von Voigt & Haeffner in Frankfurt a. M. können Lade- und Entladehebel unabhängig voneinander durch Drehen des einen oder anderen Handrades bewegt werden. Eine Arretierung der jeweiligen Hebelstellung wird durch Einschnappen entsprechend geformter Metallstifte in die, auf einem äußeren bezw. inneren Ringe sichtbaren Einschnitte ermöglicht. Auch die Zwischenwiderstände, der eine auf dem äufseren Schalthebel befindlich und der andere um die Drehachse gelagert, sind zu erkennen.

Wenn auch während des normalen Betriebes der Ladehebel dem Entladehebel im allgemeinen um einige Kontakte vorauseilt, wenn also ersterer der ersten Schaltzelle näher

Fig. 18.

liegt als letzterer, so mufs die konstruktive Anordnung unbedingt ein gleichzeitiges Stellen beider Schalthebel auf jedes beliebige Kontaktstück gestatten, weil sonst nie ohne unangenehme Lichtschwankungen vom Maschinenbetriebe zur Ladung oder von dieser zum Parallelbetriebe übergegangen werden kann. Nie aber darf umgekehrt der Entladehebel in der Richtung gegen die erste Zelle über den Ladehebel hinaus verschoben werden, weshalb die Schalthebel nicht selten so konstruiert sind, dafs dieses Überdrehen, das allerdings nur bei grofser Nachlässigkeit vorkommen kann, von vornherein ausgeschlossen ist.

Fig. 18 veranschaulicht einen Doppel-Zellenschalter von Aug. Hopfer & Eisenstuck in Leipzig, dessen Ladehebel (zu erkennen an dem seitlich angeordneten Zwischenwiderstande) zu diesem Zwecke einen kleinen Ansatz (gegenüber dem Zwischenwiderstande) trägt, der, dem Entladehebel als Anschlag dienend, wohl noch ein Übereinanderstellen beider Schalt-

Fig. 19.

hebel, nicht aber die Weiterbewegung des Entladehebels über den Ladehebel hinaus gestattet. Dementsprechend mufs auch bei diesem Apparate die erste Zelle der Batterie an den am weitesten links liegenden Kabelschuh der kreisförmig angeordneten Zellenkontakte angeschlossen werden, so dafs eine völlige Linksdrehung des Ladehebels die Einschaltung aller Elemente in den Ladestromkreis bewirkt. Die übrige Anordnung des Zellenschalters ist nach dem früher Gesagten ohne weiteres aus der Figur ersichtlich.

Bei der für gröfsere Stromstärken bestimmten, durch Fig. 19 veranschaulichten Konstruktion von Siemens & Halske in Berlin werden die Zwischenwiderstände nicht von den durch die beiden Handräder drehbaren Schleifhebeln selbst getragen, sondern sind, auf der Rückseite des Apparates befindlich, zwischen je zwei Schleifringe geschaltet, deren eines Paar aufserhalb und das andere innerhalb der Zellenkontakte liegt und durch besondere Schleiffedern mit den Schalthebeln in Verbindung steht.

Neuerdings werden die für höhere Stromstärken bestimmten Zellenschalter nicht selten mit Funkenentzieher ausgerüstet. Dieser Konstruktion liegt der Gedanke zu Grunde, die beim Verschieben der Schleifbürsten an letzteren, sowie auch an jedem der einzelnen Zellenkontakte auftretenden Öffnungsfunken und damit die durch sie bedingten Materialbeschädigungen auf möglichst nur ein einziges Kontaktstück zu beschränken, das dann, gegenüber der gröfseren Anzahl von Zellenkontakten mit Leichtigkeit ersetzt werden kann. —

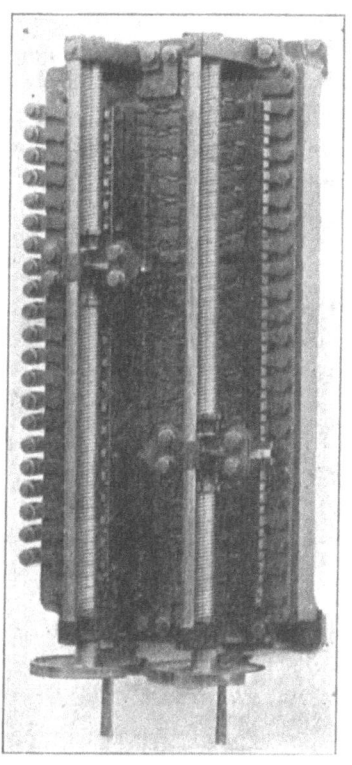

Fig. 20.

Eine mit Funkenentzieher und mit geradliniger Anordnung der Kontaktflächen ausgeführte Doppel-Zellenschalterkonstruktion der „Elektricitäts-Aktien-Gesellschaft" vorm. Schuckert & Co. in Nürnberg zeigt Fig. 20. Jeder der beiden Kontaktschlitten (der linke dient zur Ladung und der rechte zur Entladung) kann durch eine mittels ihrer Kurbel drehbare Schraubenspindel nach Belieben verschoben und dadurch auf das jeweilig erforderliche Kontaktstück eingestellt werden. Die Zwischenwiderstände des Lade- und Entladeschalters sind nicht an oder auf den betreffenden Kontaktschlitten selbst, sondern auf der Rückseite des Apparates angeordnet. Für jeden der beiden Kontaktschlitten ist ein besonderer Funkenentzieher vorhanden, dessen Wirkungsweise aus folgender Darstellung ersichtlich ist. Sobald durch Drehung einer Kurbel die Zu- oder Abschaltung einiger Zellen erfolgt, wird auch ein kleiner Umschalter automatisch in Thätigkeit gesetzt, der, eine hin- und hergehende Bewegung ausführend, den jeweilig durch den Zwischenwiderstand fliefsenden Strom stets

Fig. 21.

einen Moment früher unterbricht, als wie es durch den, von einem Zellenkontakte zum anderen gleitenden Kontaktschlitten geschehen würde. Die Öffnungsfunken werden deshalb nun nicht mehr, wie sonst, an dem Kontaktschlitten und an jedem der Zellenkontakte auftretend, mehr oder weniger die gesamte Schleifbahn des Zellenschalters beschädigen, sondern werden auf die Kontakte des Umschalters beschränkt bleiben, die, wenn durch Funkenbildung unbrauchbar geworden, mit Leichtigkeit wieder ersetzt werden können.

Einen gleichfalls geradlinigen Doppel-Zellenschalter mit Schraubenspindeln, jedoch ohne Funkenlöscher, veranschaulicht Fig. 21 nach Ausführung der „Allgemeinen Elektricitäts-Gesellschaft" in Berlin. Die Zwischenwiderstände liegen nicht

## 5. Zellenschalter.

auf der Rückseite des Apparates, sondern werden, wie schon früher mehrfach beschrieben, und wie aus der Figur auch deutlich zu erkennen ist, von den Kontaktschlitten selbst getragen.

In Fig. 22 ist eine Anordnung der „Akkumulatoren-Fabrik, Aktien-Gesellschaft" in Hagen schematisch dargestellt, mit deren Hilfe die Spannung der einzelnen Schaltzellen ohne Betreten des Akkumulatorenraumes an einem kleinen Voltmeter abgelesen werden kann. Zu diesem Zwecke sind an dem zur Ladung dienenden Schalthebel $Z_l$ zwei kleine

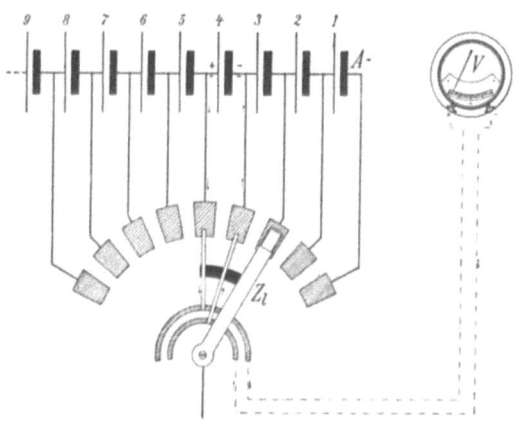

Fig. 22.

Kontaktbürsten isoliert befestigt, die, wie aus der Figur ersichtlich, einerseits auf den Zellenkontakten, andererseits je auf einer besonderen halbkreisförmigen Kontaktschiene schleifen. Da nun diese beiden Kontaktschienen mit den Klemmen des nur für geringe Spannung gebauten Mefsinstrumentes $V$ verbunden sind, wird stets die Spannung des zwischen den beiden kleinen Schleifbürsten liegenden Elementes (nach der Figur Zelle 4) ohne weiteres zu erkennen sein. Es ist auch ersichtlich, dafs man auf diese Art nicht die Spannung der zunächst abzuschaltenden Zelle, sondern nur stets die ihrer Nachbarzelle messen kann.

## 6. Umschalter.

### a) *Allgemeines.*

Die in Akkumulatorenbetrieben zur Verwendung kommenden Umschalter sind in ihrer Art sehr einfach und dienen, je nach der augenblicklichen Betriebsart, zur Überführung des Maschinen- oder Batteriestromes nach diesem oder jenem Stromkreise. Sie unterscheiden sich voneinander durch die verschiedenartige Anordnung ihrer Schalthebel und Kontaktflächen und lassen sich einteilen in Umschalter mit und solche ohne Unterbrechung. Die Apparate mit Unterbrechung müssen so gebaut sein, dafs der Schalthebel nie durch gleichzeitige Berührung zweier Kontaktflächen einen Kurzschlufs zwischen ihnen herstellen kann. Für derartige Schalter sind die Konstruktionen mit Umschlaghebel sehr beliebt, deren einige durch die Fig. 23 und 24 nach Ausführung der „Allgemeinen Elektricitäts-Gesellschaft" in Berlin, und der Firma

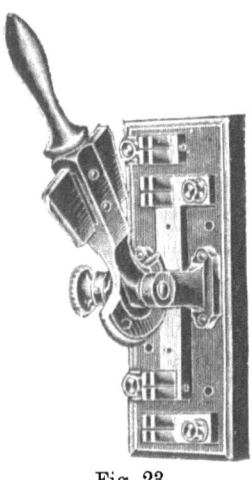

Fig. 23.

Fig. 24.

Voigt & Haeffner in Frankfurt a. M. veranschaulicht sind. Bei der einen Konstruktion dient, je nach Lage des Umschlaghebels, das eine oder andere der messerartigen Kontaktstücke zur Verbindung der oberen oder unteren federn-

## 6. Umschalter.

den Metallstreifen, während bei der zweiten Konstruktion die Stromüberführung durch besondere, am Schleifhebel befestigte und beiderseitig gegen die halbkreisförmigen Achsenscheiben geprefste Schleiffedern bewirkt wird. Aber auch Umschalter mit Schleifhebel, entsprechend der Fig. 25 von der Firma Willing & Violet, Aktien-Gesellschaft in Berlin, ausgeführt, finden Verwendung. Je nach Stellung des Schalthebels auf das eine oder andere mit Kabelschuhen versehene Kontaktstück oder auf die zwischen beiden befindliche Isolierfläche kann der durch Vermittelung der Drehachse zum Hebel gelangende Strom nach dieser oder jener Gebrauchsleitung gesendet werden, oder wird selbst eine Unterbrechung erleiden. Umschalter ohne Unterbrechung dagegen werden gewöhnlich mit Schleifhebeln versehen, wobei die Kontaktstücke dieser Apparate unmittelbar nebeneinander liegen, so dafs der Hebel ohne Stromunterbrechung von einer Gleitfläche auf die andere verschoben werden kann.

Fig. 25.

In Fig. 26 ist ein derartiger Apparat nach Ausführung der „Akkumulatorenfabrik, Aktien-Gesellschaft" in Hagen dargestellt. Die Stromzuführung geschieht bei diesem Apparate nicht durch die Drehachse, sondern wird durch die in der Figur nach unten gerichtete Schleiffeder bewirkt. Durch Stellung des Hebels auf die eine oder andere neben den Kontaktstücken befindliche Isolierfläche kann aber auch eine teilweise oder gänzliche Abschaltung desselben erfolgen.

32  1. Abschnitt. Maschinen und Schaltapparate.

*b) Ampèremeter- und Ladeumschalter.*

Ampèremeterumschalter werden stets ohne Unterbrechung, also etwa nach der in Fig. 26 wiedergegebenen Konstruktion ausgeführt. Ladeumschalter dagegen müssen, der Schaltungsart entsprechend, bald für Umschaltung mit, bald für Umschaltung ohne Stromunterbrechung gebaut werden.

Fig. 26.

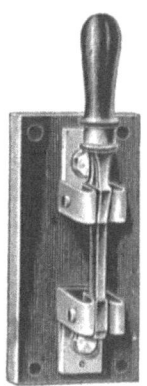

Fig. 27.

Fig. 28.

Mitunter wird die Umschaltung auch, je nach Anzahl der Stromkreise, durch zwei oder mehrere einfache Ausschalter bewirkt, deren einer nach Konstruktion der Firma Siemens & Halske in Berlin durch Fig. 27 veranschaulicht ist. Wie aus der schematischen Darstellung der Fig. 28 ersichtlich, kann der von *a* kommende Strom, je nachdem man den Schalter *1* oder *2*, oder aber beide schliefst, nach der Leitung *b* oder *c* oder nach beiden gleichzeitig fliefsen. Diese Methode ist wohl geeignet für Anlagen mit Doppel-Zellenschalter, nicht aber für Betriebe, in denen die Umschaltung *mit* Unterbrechung geschehen soll, weil im letzteren Falle zu wenig Sicherheit und Schutz gegen unbeabsichtigte Umschaltung ohne Unterbrechung und demnach Herbeiführung von Kurzschlüssen geboten wird.

*c) Reihenschalter.*

Eine besondere Art Ladeumschalter sind die Reihenschalter, die dazu dienen, eine Batterie bei der Ladung in zwei Reihen parallel und bei der Entladung diese Reihen wieder hintereinander zu schalten. Diese Schaltung ist in Fig. 29 schematisch dargestellt, indem *RS* den Reihenschalter mit zwei Schleifhebeln *1* und *2*, angeschlossen an $a_1$ und $b_1$, und zwei Umschaltkontakten $c_1$ und $d_1$ darstellt. Beide Hebel sind voneinander isoliert, werden aber gemeinschaftlich bewegt. Wenn die Hebel die in Fig. 29 angedeutete Stellung einnehmen, wenn also *1* auf eine blinde Schleiffläche übergegangen

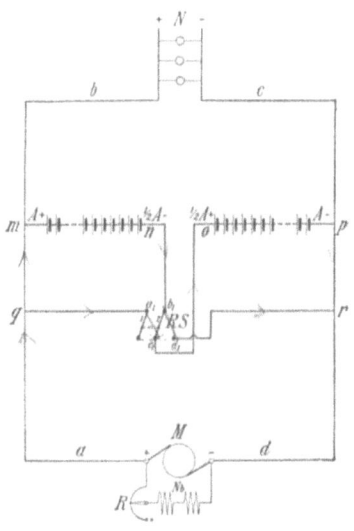

Fig. 29.

und *2* mit $c_1$ verbunden ist, liegen die beiden Batteriehälften *mn* und *op* in Hintereinanderschaltung, weil das Ende *n* der linken Hälfte mit dem Anfange *o* der rechten Hälfte über $b_1$ *2* $c_1$ verbunden ist. Beim Verschieben der Hebel nach rechts geht dagegen *1* auf $c_1$ und *2* auf $d_1$ über, wodurch die beiden Batteriehälften parallel zu einander und zwar zwischen die Hauptleitung geschaltet werden. Der von *M* kommende

Strom kann jetzt einerseits von $m$ aus direkt durch die linke Batteriehälfte und dann über $n\ b_1\ 2\ d_1$ nach $r$, anderseits dagegen von $q$ aus über $a_1\ 1\ c_1\ o$ und durch die rechte Batteriehälfte nach $p$ fliefsen.

Reihenschalter verschiedener Konstruktion aber gleichen Prinzipes sind durch die Fig. 30 und 31 dargestellt. Bei beiden Konstruktionen, erstere von Dr. Paul Meyer und letzere

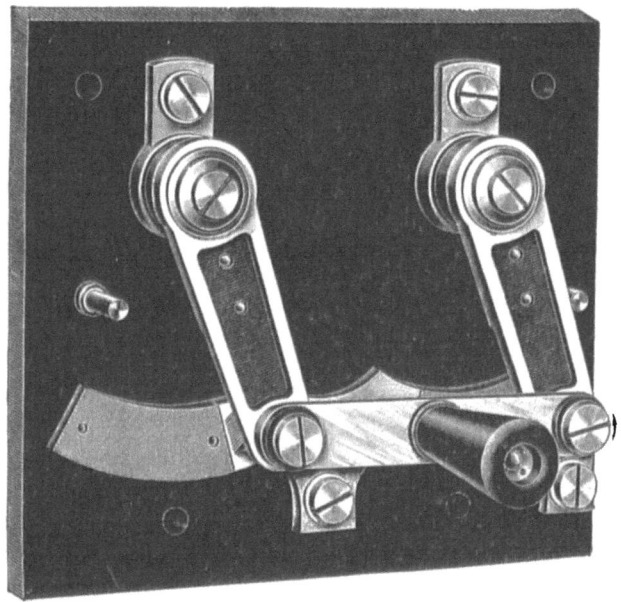

Fig. 30.

von der „Akkumulatorenfabrik, Aktien-Gesellschaft" stammend, werden die Drehachsen zur Stromzuführung benutzt, wie auch beide die Herstellung einer Stromunterbrechung durch Stellung der Schalthebel auf die Isolierstücke gestatten. Die Wirkungsweise des ersteren Apparates ist nach Fig. 29 ohne weiteres erklärlich. Der Anschlufs des Apparates Fig. 31 gestaltet sich jedoch, wenn der letztere so wie in der Figur dargestellt, montiert werden soll, nach Angabe der Fig. 32. Man wird mit Leichtigkeit erkennen, dafs dieser Apparat in

Bezug auf den in Fig. 30 dargestellten, nur umgekehrt montiert ist, so dafs unter Beibehaltung der Kontakt- und Hebelbezeichnungen auch hier $a_1$ mit $q$, $b_1$ mit $n$, $c_1$ mit $o$ und $d_1$ mit $r$ zu verbinden ist.

Einer anderen Methode nach werden, wie aus der schematischen Darstellung der Fig. 33 zu ersehen ist, die von den beiden inneren Batteriepolen $n$ und $o$ zum Reihenschalter führenden Drähte nicht an die Punkte $b_1$ und $c_1$, wie in Fig. 29, sondern

Fig. 31.

an $d_1$ und $c_1$ angeschlossen, oder mit anderen Worten, es werden die Anschlüsse der Punkte $b_1$ und $d_1$ gegen früher hin miteinander vertauscht, also die von $r$ kommende Leitung statt an $d_1$ an $b_1$, und die von $n$ kommende statt an $b_1$ an $d_1$ angeschlossen. Eine dieser Anordnung entsprechende Reihenschalterkonstruktion ist in Fig. 34 schematisch und in Fig. 35 nach einer Ausführung der Firma Aug. Hopfer & Eisenstuck in Leipzig dargestellt. Zunächst sind die Schalthebel nicht mit $a_1$ und $b_1$, sondern mit $c_1$ und $d_1$ verbunden, und dann

36  1. Abschnitt. Maschinen und Schaltapparate.

erhält dieser Reihenschalter, weil zur Hintereinanderschaltung nicht wie früher die Punkte $b_1$ und $c_1$, sondern $c_1$ und $d_1$ mit-

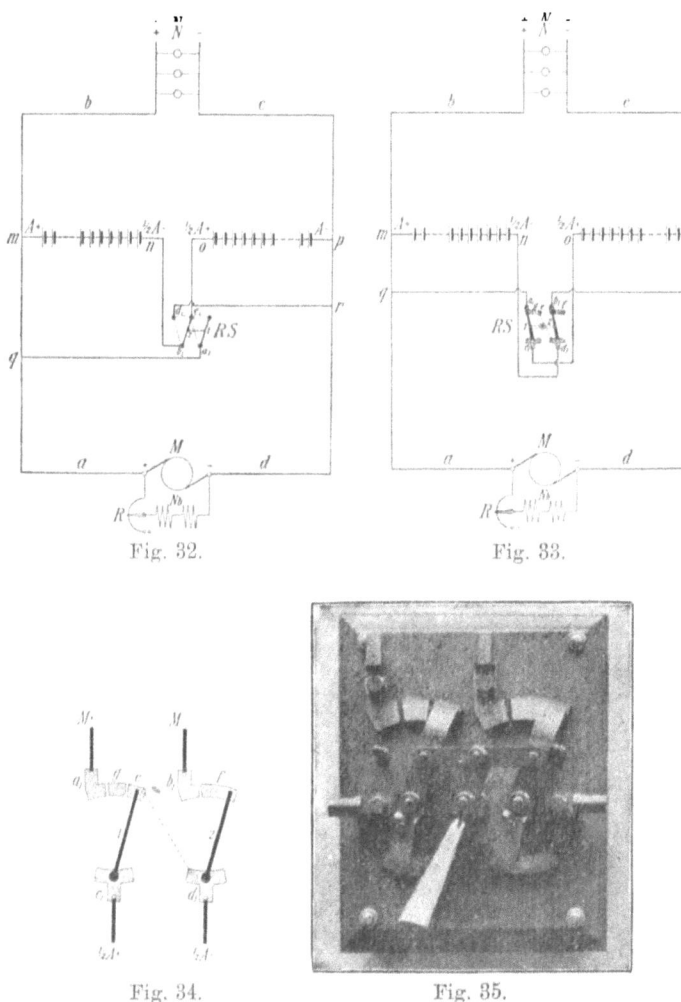

Fig. 32.  Fig. 33.

Fig. 34.  Fig. 35.

einander zu verbinden sind, noch die weiteren Kontaktstücke $e f$ und $g$ (Fig. 34), deren erstes mit dem Hebel 2 in direkter Verbindung (auf der Rückseite des Apparates) steht, während das

6. Umschalter. 37

zweite und dritte nur als lose Schleifflächen dienen. Die Parallelschaltung der beiden Batteriehälften erfolgt wie früher durch Verbindung von $a_1$ mit $c_1$ und $b_1$ mit $d_1$. In Fig. 35 sind die beiden Anschlüsse $a_1$ und $b_1$ links oben zu erkennen, wogegen die Kabelschuhe für $c_1$ und $d_1$ mit den halbkreisförmigen Schleifflächen in Verbindung stehen, und nicht unterhalb der Drehachse, sondern seitlich derselben angeordnet erscheinen. Die in der Figur gleichfalls sichtbaren, nach unten gerichteten Schleiffedern vermitteln die Strom-

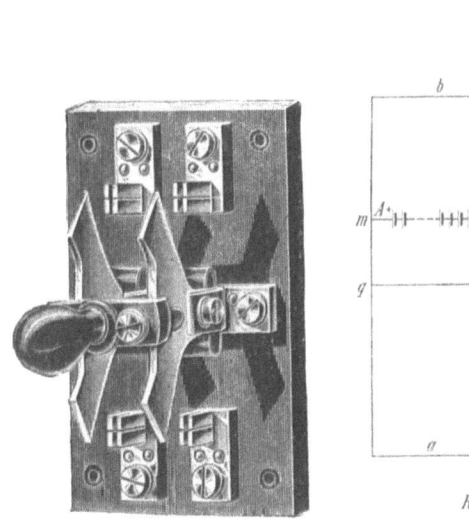

Fig. 36.

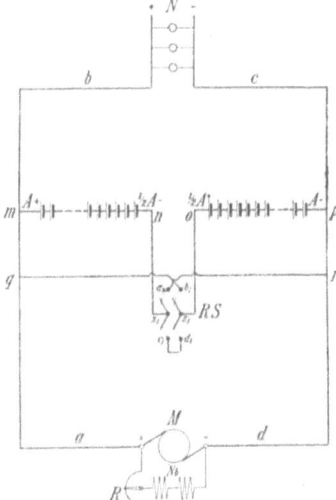

Fig. 37.

zuführung zu den beiden Schalthebeln. Letzere sind wieder voneinander isoliert und werden gemeinschaftlich bewegt.

Wenn der Batterieanschluſs so ausgeführt wird, daſs zur Hintereinanderschaltung der beiden Batteriehälften nur die nebeneinander liegenden Punkte $c_1 d_1$ miteinander zu verbinden sind, wie dies eben in Fig. 33 geschah, kann auch, und zwar in sehr einfacher und zweckentsprechender Weise, ein doppelpoliger Umschalter, etwa der in Fig. 36 nach Ausführung von Dr. Paul Meyer in Berlin dargestellte Apparat, als Reihenschalter Verwendung finden. Dabei sind, wie aus Fig. 37 ersichtlich, die beiden Batteriepole $n$ und $o$ an die mit den Schalthebeln in Verbindung stehenden Kontaktstücke $x_1$ und $z_1$ zu führen, wogegen $a_1$ mit $r$, $b_1$ mit $q$ und $c_1$ mit $d_1$ zu verbinden sind. Die beiden gemeinschaftlich bewegten, aber voneinander isolierten Umschlaghebel werden zur Hintereinanderschaltung der beiden Batteriehälften (Entladung) nach unten, zur Parallelschaltung (Ladung) dagegen nach oben gelegt, so dafs im ersten Falle die beiden Batteriehälften über $n\,x_1\,c_1\,d_1\,z_1\,o$ miteinander verbunden, also hintereinander geschaltet sind, im zweiten Falle dagegen der Ladestrom einmal von $m$ aus über $n\,x_1$ und $a_1$ nach $r$, dann aber auch von $q$ aus über $b_1\,z_1$ und $o$ nach $p$ fliefsen kann.

### d) Voltmeterumschalter.

Um in elektrischen Betrieben die Anzahl der zu verwendenden Spannungsmesser zu beschränken, benutzt man

Fig. 38.

kleine, schwächer gebaute Apparate, Voltmeterumschalter genannt, mit deren Hilfe sich ein und dasselbe Mefsinstrument durch Drehen eines Hebels mit der Maschine, der Batterie oder denjenigen Punkten des Leitungsnetzes in Verbindung bringen läfst, deren Spannungsmessung durch den augenblicklichen Betrieb gerade erfordert wird.

## 6. Umschalter.

In Fig. 38 und 39 sind zunächst zwei einpolige Voltmeterumschalter der Firmen Dr. Paul Meyer und Voigt &

Fig. 39.

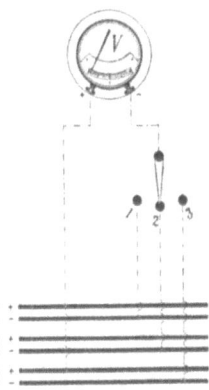

Fig. 41.

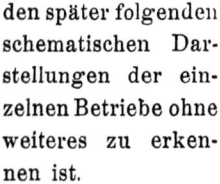

Fig. 40.

Haeffner dargestellt, deren Verbindungsart mit dem Voltmeter zunächst aus der Schaltungsskizze Fig. 40 und mit der Maschine, der Batterie und dem Leitungsnetze aus den später folgenden schematischen Darstellungen der einzelnen Betriebe ohne weiteres zu erkennen ist.

Fig. 41 und 42 veranschaulichen dagegen doppelpolige Voltmeterumschalter, wiederum nach Ausführung der

Fig. 42.

Firmen Dr. Paul Meyer und Voigt & Haeffner. Indem

40   1. Abschnitt. Maschinen und Schaltapparate.

die Voltmeterklemmen mit den bogenförmigen Schleifflächen (sichtbar in Fig. 41) zu verbinden sind, werden diejenigen Punkte, deren Spannung zu messen ist, mit ihren Polen je an zwei sich diametral gegenüber liegende äussere Kontaktflächen angeschlossen. Durch zwei kleine Metallzungen (sichtbar in Fig. 42), die an beiden Seiten des drehbaren Handgriffes isoliert und so angebracht sind, dafs sie gleichzeitig ebenso auf den bogenförmigen, wie auf den äufseren Kontaktflächen schleifen, wird nun zwischen den Voltmeterklemmen und je zwei Punkten des Leitungsnetzes eine Verbindung

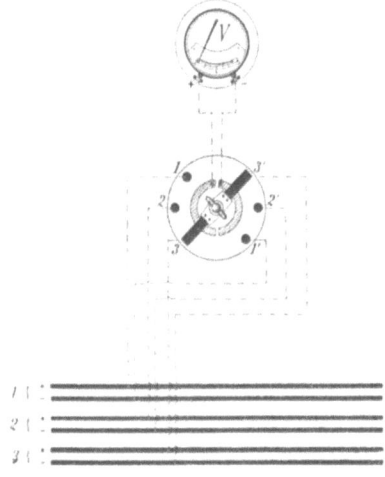

Fig. 43.

hergestellt und dadurch die Spannungsmessung dieser Punkte ermöglicht.

Diese eben erläuterte Verbindungsart eines derartigen doppelpoligen Umschalters mit dem Voltmeter einerseits und den Punkten, deren Spannung gemessen werden soll, anderseits, ist aus der Schaltungsskizze Fig. 43 zu ersehen. Je nach Stellung der Schleifkurbel auf $\overline{11'}$, $\overline{22'}$ oder $\overline{33'}$ wird das Voltmeter zwischen die Leitungen 1, 2 oder 3 geschaltet, so dafs deren Spannungen ohne weiteres am Voltmeter abgelesen werden können.

## 7. Automatische Schalter.

*a) Automatische Starkstromschalter.*

Der Starkstrom- oder Maximum-, auch Maximal-Schalter oder -Automat genannt, dient, genau wie eine Bleisicherung, zum Schutze einer Stromquelle vor Überlastung, indem er den Stromkreis beim Überschreiten seiner maximalen Stromstärke automatisch unterbricht. Fig. 44 zeigt das Prinzip eines solchen Starkstromschalters. Der Hauptstrom kommt über die Klemme $a$, durchfliefst den Elektromagneten $M$ und gelangt durch einen Teil des Hebels $AB$ über den Kontakt $S$ und die Klemme $b$ wieder in die äufsere Leitung. Wenn er eine bestimmte Stärke, deren gröfstes Mafs sich durch das Laufgewicht $G$ verändern läfst, erreicht hat, wird durch kräftige Anziehung des Ankers $A$ vom Magneten $M$ das

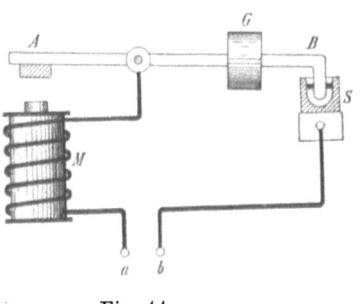

Fig. 44.

Gleichgewicht des Hebels $AB$ gestört und mithin eine Unterbrechung des Stromkreises bei $S$ bewirkt. Bei vielen Konstruktionen wird nun die Anziehungskraft des Magneten nicht direkt zur Ausschaltung selbst benutzt, sondern nur zur Auslösung eines Hebels, der dann durch sein eigenes Gewicht fallend, oder durch eine kräftige Feder gezogen, mit solcher Stärke auf einen am eigentlichen Schalthebel angebrachten Ansatz aufschlägt, dafs die Unterbrechung des Stromkreises momentan und mit grofser Sicherheit erfolgt. Die in Fig. 45 und 46 dargestellten Maximalautomaten besitzen sowohl diesen eben erwähnten Fallhebel, als auch zur Vergröfserung der Unterbrechungsgeschwindigkeit eine Abreifsfeder.

Fig. 45 zeigt eine Konstruktion von Dr. Paul Meyer in Berlin, deren einzelne Teile leicht erkenntlich sind. Sobald

42    1. Abschnitt. Maschinen und Schaltapparate.

nach Erreichung der Maximalstromstärke der Elektromagnet seinen Anker anzieht, wird sich der mit einem Handgriff und zwei seitlichen Gewichten versehene Fallhebel zufolge der

Fig. 45.

Auslösung seiner Arretierung um seine Drehachse nach abwärts bewegen und nach Erreichung seiner gröfsten Geschwindigkeit durch den in einer Nut sichtbar laufenden Ansatz den eigentlichen Schalthebel mit sich reifsen und, in seiner Wirkung durch das nunmehrige Inkrafttreten der Ab-

## 7. Automatische Schalter. 43

reifsfeder verstärkt, eine plötzliche und sehr sichere Stromunterbrechung herbeiführen.

Bei der in Fig. 46 dargestellten Konstruktion der Firma Voigt & Haeffner in Frankfurt a. M. hält bei normaler Stromstärke die Nase des Elektromagnetankers den Fallhebel in

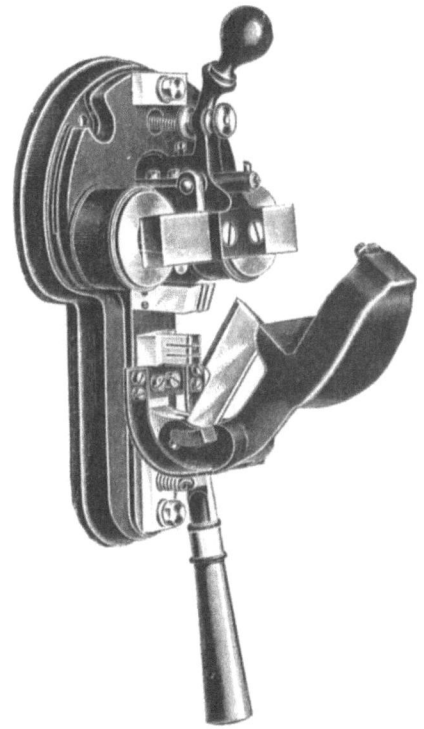

Fig. 46.

aufrechter und damit das messerartige Kontaktstück in eingeschalteter Stellung. Erst wenn die Maximalstromstärke, für die der Apparat durch besondere Federspannung gerade eingestellt wurde, erreicht ist, kann der Magnet durch Anziehung seines Ankers den Fallhebel freigeben, der dann seinerseits wieder, unterstützt durch die am unteren Ende des Apparates sichtbare Abreifsfeder, die Abschaltung bewirkt.

**44**  1. Abschnitt. Maschinen und Schaltapparate.

Quecksilberkontakte werden für Maximalschalter nur noch ganz vereinzelt verwendet, da der leicht sehr starke Öffnungsfunke ein unangenehmes Umherspritzen des Quecksilbers verursacht.

*b) Automatische Schwachstromschalter.*

Derartige Apparate, die auch den Namen Minimum- oder Nullschalter, oder auch Minimalautomaten führen, unterbrechen den Strom, nicht wenn er seine maximale, sondern seine minimale Grenze erreicht hat, d. h., wenn er auf Null gesunken ist. Sie dienen zum Schutze einer Maschine vor Rückstrom aus einer anderen oder aus einer Batterie und sind deshalb für Akkumulatorenbetriebe, sowie auch in Anlagen mit mehreren, auf ein gemeinsames Leitungsnetz ar-

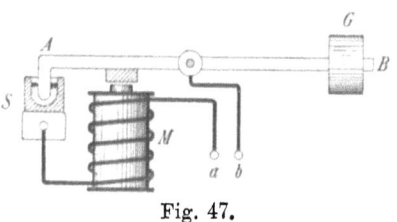

Fig. 47.

beitenden Dynamos für jede dieser Maschinen unbedingt erforderlich. Wenn während des Ladebetriebes plötzlich die Tourenzahl und mithin die Klemmenspannung der Dynamo durch irgend eine Veranlassung (Reifsen eines Treibriemens oder Verlöschen der Zündflamme eines Gasmotors) nachläfst, sinkt auch die Ladestromstärke schnell und wird bald den Wert Null erreicht haben. Nun ändert sich die Richtung des Stromes, indem sich die Batterie auf die Maschine entladet, und der Strom eine beträchtliche Stärke erreicht, wenn nicht die letztere abgeschaltet wird. Die vor dem „Umschlagen" des Stromes auftretende momentane Stromlosigkeit der Maschine benutzt man, um den Stromkreis durch den Minimumautomaten selbstthätig zu unterbrechen. In Fig. 47 ist das Prinzip der letzteren dargestellt. Auch hier umfliefst der Hauptstrom, über Klemme $a$ kommend, den Magneten $M$ und gelangt über den Kontakt S, einen Teil des Hebels AB und Klemme b des Apparates zur Leitung zurück. Die Stromunterbrechung wird nicht durch Wachsen des Magnetismus, sondern durch dessen Verschwinden hervorgerufen, weil das Metallstück G das Übergewicht erlangt und mithin die Ausschaltung bei S bewirkt, sobald die Stromstärke und mithin der Magnetismus von M fast auf Null gesunken ist. Für Schwachstromautomaten werden auch jetzt noch vielfach Quecksilberkontakte verwendet, weil die Unterbrechung bei einem so geringen Strome erfolgt, dafs kaum eine merkliche Funkenbildung auftritt. Aber es werden auch vielfach Schleifkontakte verwendet, indem, genau wie bei den Starkstromautomaten, der Elektromagnet nur einen Fallhebel auslöst, der dann seinerseits erst durch Bethätigung des eigentlichen Schalthebels die Unterbrechung des Stromkreises bewirkt. In Fig. 48—51 sind Schwachstromautomaten verschiedener Konstruktion dargestellt.

Den durch Fig. 48 und 49 veranschaulichten Apparaten, ersterer der „Akkumulatorenfabrik, Aktien-Gesellschaft", in Hagen, letzterer der Firma Dr. Paul Meyer in Berlin entstammend, liegt ein und dasselbe Prinzip zu Grunde. Die eisernen Polschuhe einer um ihre horizontale Achse drehbaren, mit ihren beiderseitigen Enden in Quecksilbernäpfe tauchenden Kupferspule haften, wenn letztere von Strom durchflossen wird, zufolge ihres Magnetismus an einem ebenfalls eisernen Stege des Apparatgerüstes. Sobald nun mit dem Sinken der Stromstärke auf ein Minimum auch der Magnetismus der Spirale verschwindet, wird der mit den Polschuhen und dem Handgriff resp. der Stellschraube versehene schwerere Teil derselben, am Stege nicht mehr haftend, nach unten sinken und dadurch anderseitig, die Spiralenden den Quecksilbernäpfen enthebend, eine Stromunterbrechung herbeiführen.

Fig. 48.

Bei dem durch Fig. 50 veranschaulichten Minimalautomaten

**46**     1. Abschnitt. Maschinen und Schaltapparate.

der „Elektricitäts-Aktien-Gesellschaft", vorm. Schuckert & Co. in Nürnberg sind die Enden der Magnetwickelung zur Vermeidung von Quecksilberkontakten als Metallflächen ausgebildet, die sich zwischen entsprechend geformte Metallfedern einschieben und dadurch die Stromleitung vermitteln. Die beiden Polschuhe des Elektromagneten sind durch einen, den Handgriff tragenden Steg miteinander verbunden und so angeordnet, dafs sie sich nach Loslassen des Ankereisens ein

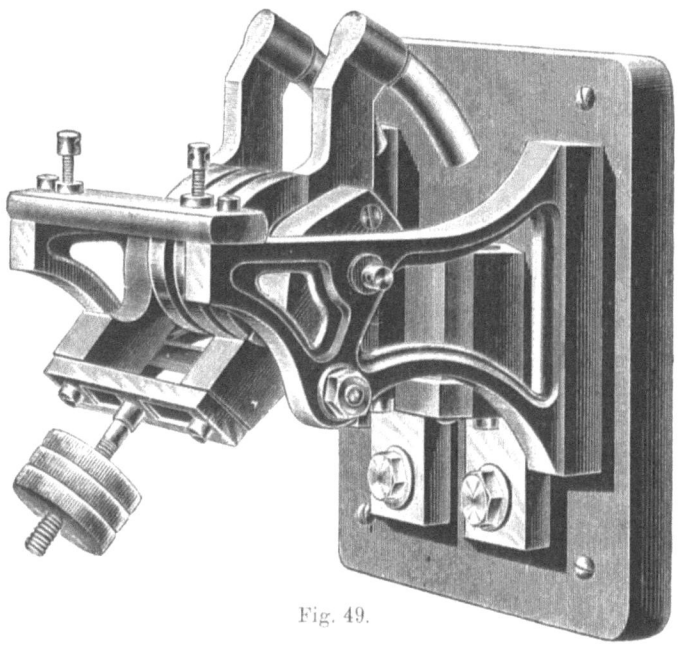

Fig. 49.

Stück frei um die Magnetspule drehen können. Erst, wenn die langsam beginnende Drehgeschwindigkeit der Polschuhe zugenommen und damit die sich bewegende Masse eine gewisse lebendige Kraft erreicht hat, wird durch Aufschlagen des Steges auf zwei nasenförmige Ansätze der Magnetspule eine Drehung derselben eingeleitet, und nun weiter durch die mehr und mehr in Wirkung tretende Kraft der beiderseitig angebrachten Spiralfedern eine aufserordentlich schnelle und sichere Stromunterbrechung ermöglicht.

## 7. Automatische Schalter.    47

Fig. 51 endlich zeigt einen Schwachstromschalter von Voigt & Haeffner in Frankfurt a. M. mit einem in seiner Bewegung durch eine besondere Abreifsfeder beschleunigten

Fig. 50.

Fallhebel und mit Schleifkontakten. Die Abschaltung erfolgt, wenn der Magnet mit sinkender Stromstärke zu schwach wird, um seinen mit dem schweren Fallhebel starr verbundenen Anker zu halten.

48     1. Abschnitt.   Maschinen und Schaltapparate.

Auch die Empfindlichkeit der Schwachstromautomaten läfst sich, gewöhnlich mittels Schrauben, Federn oder Laufgewichten, regulieren.

Fig. 51.

*c) Automatische Spannungsschalter.*

Mitunter finden auch Schalter Verwendung, die bei fehlerhafter Veränderung der Spannung selbstthätig in Wirkung treten. Diese Spannungsschalter unterscheiden sich jedoch von den Stromschaltern nur durch ihre dünndrähtige Wickelung, die nicht im Hauptstromkreise, sondern parallel zu letzterem an die Hauptklemmen der Maschine gelegt ist. Fig. 52 stellt einen derartigen auf Spannung gewickelten Automaten mit Quecksilberkontakten nach Ausführung der Firma Voigt & Haeffner in Frankfurt a. M. dar.

Fig. 52.

*d) Automatische Zellenschalter.*

In vielen Anlagen werden Zellenschalter verwendet, die das Zuschalten der noch in Reserve stehenden Zellen im Laufe der Entladung automatisch besorgen und dadurch den Vorteil bieten, daſs nach Beendigung des Maschinenbetriebes kein Personal mehr zur Bedienung des Zellenschalters erforderlich ist. Wenn auch die Konstruktionen der automatischen Zellenschalter recht verschieden sind, so beruht doch die Auslösung ihrer Betriebsmechanismen stets auf demselben Prinzipe. Je nachdem die Spannung des Leitungsnetzes durch entstehende Belastungsänderungen steigt oder sinkt, bewirkt ein kleines Kontaktvoltmeter, Relais genannt, in dieser oder jener Magnetspule einen Stromschluſs und dadurch wieder in Übertragung auf die Mechanismen des Automaten, ein Ab- oder Zuschalten einer oder einiger Zellen. Es ist üblich, nur den Entladehebel automatisch, den Ladehebel dagegen von Hand bedienen zu lassen.

## 8. Stromrichtungszeiger.

Um stets die Richtung des in der Akkumulatorenleitung flieſsenden Stromes erkennen zu können, bedient man sich der Stromrichtungszeiger. Die Bauart dieser, nach Konstruktionen von Dr. Paul Meyer in Berlin in Fig. 53 und 54 dargestellten Apparate ist äuſserst einfach. In der Mitte einer Metalldose, auf deren Boden sich die Bezeichnungen $L$ (Ladung) und $E$ (Entladung) befinden, ist eine Magnetnadel so gelagert, daſs sie sich parallel zum Boden der Dose drehen kann. Sobald nun dieses Instrument je nach der Konstruktionsart direkt vor dem stromdurchflossenen Drahte befestigt wird, oder auch so, daſs es selbst im Stromkreise liegt, läſst sich durch den rechts- oder linksseitigen Ausschlag der Magnetnadel, der durch die Stromrichtung bedingt ist, erkennen, ob die Batterie Strom giebt oder solchen empfängt. Da es möglich ist, daſs Magnetnadeln ihre Polarität ändern und dann ihrer fehlerhaften Angaben wegen leicht zu Störungen Veranlassung geben können, ist es vorteilhaft, die

1. Abschnitt. Maschinen und Schaltapparate.

Richtigkeit der Angaben täglich zu prüfen, indem man bei jeder reinen Entladung (d. h. Entladung ohne die Maschine) darauf achtet, dafs die Nadel auch wirklich auf $E$ (Entladung) zeigt.

Neuerdings verwendet man statt der Stromrichtungszeiger auch Ampèremeter mit doppelseitigem Ausschlage

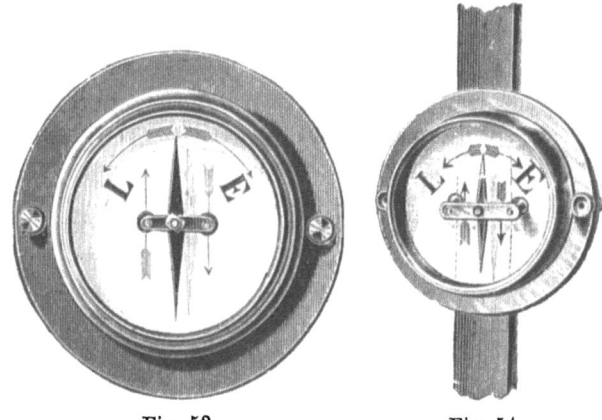

Fig. 53.  Fig. 54.

oder solche, die unterhalb ihrer Skala noch einen kleinen Zeiger tragen, der, nach rechts oder links ausschlagend, auf die Buchstaben $l$ (laden) oder $e$ (entladen) oder umgekehrt, hinweist und so die Richtung des Stromes zu erkennen giebt.

2. Abschnitt.
# Verschiedenes.

## 9. Über die Anzahl der Schaltzellen.

Sobald während der Ladung auch Lichtstrom vom Akkumulator entnommen werden soll, verwendet man, wie bereits auf Seite 23 gesagt wurde, einen Doppel-Zellenschalter, dessen einer Hebel zur Ladung und dessen anderer zur gleichzeitigen Entladung dient. Es ist demnach Haupterfordernis, daſs durch den Entladehebel stets nur so viele Zellen der Batterie in den Stromkreis eingeschaltet werden, als zur Einhaltung der normalen Lichtspannung nötig sind.

Da die Klemmenspannung einer jeden Zelle während der Ladung auf maximal 2,75 Volt steigt, genügen zur Erzeugung von 110 Volt

$$\frac{110}{2{,}75} = 40 \text{ Elemente.}$$

Weil nun ein Betrieb von 110 Volt Lichtspannung eine Batterie von 60 Zellen (s. Seite 5) erfordert, bleiben in demselben noch

$$60 - 40 = 20 \text{ Elemente}$$

übrig, die abschaltbar eingerichtet, also mit dem Zellenschalter verbunden werden müssen. Daraus ergiebt sich, daſs, sobald während der Ladung Lampen von der Batterie aus mitbrennen, $1/_3$ aller Elemente, also $33^1/_3\,^0/_0$ derselben, an den Zellenschalter angeschlossen werden müssen. Demnach ergeben sich für die 36 Elemente einer 65 Volt-Anlage

$$\frac{36}{3} = 12 \; Schaltzellen.$$

Sobald aber die Stromentnahme aus der Batterie nicht bei gleichzeitiger Ladung derselben erfolgt, oder mit anderen Worten, sobald während der Ladung niemals Lampen von der Batterie aus mitzubrennen brauchen, kann ein Einfach-Zellenschalter Verwendung finden, der, im Gegensatze zum Doppel-Zellenschalter, bedeutend weniger Schaltzellen zu erhalten braucht. Weil nämlich nach Beendigung des Ladebetriebes die Klemmenspannung eines jeden Elementes ohne weiteres von 2,75 auf 2,1 Volt herabsinkt, wird auch nach Unterbrechung der Ladung die Gesamtspannung einer Batterie abnehmen und demgemäfs auch die zwischen dieser Gesamtspannung und der Lichtleitung bestehende Spannungsdifferenz nicht mehr so grofs sein als früher. Da nun zum Ausgleich dieser geringeren Spannungsdifferenz offenbar weniger Schaltzellen erforderlich sind, als zum Ausgleich der während der Ladung beträchtlich gröfseren Spannungsdifferenz, so brauchen Zellenschalter, die niemals während der Ladung Lichtstrom abzugeben haben — das sind Einfach-Zellenschalter — auch nur entsprechend wenige Schaltzellen zu erhalten. Rechnerisch ergiebt sich diese Schaltzellenverringerung wie folgt.

Nach Beendigung des Ladebetriebes sinkt die Klemmenspannung eines Elementes von 2,75 auf 2,1 Volt, und mithin diejenige von beispielsweise 60 Zellen von

auf
$$60 \cdot 2{,}75 = 165 \; \text{Volt}$$
$$60 \cdot 2{,}1 = 126 \; \text{Volt}$$
herab.

Demnach sind, um die Netzspannung von 110 Volt einzuhalten, nicht mehr

sondern nur noch
$$165 - 110 = 55 \; \text{Volt},$$
$$126 - 110 = 16 \; \text{Volt}$$

durch Abschalten von Zellen gegen das Licht hin unbemerkbar zu machen. Zu diesem Zwecke sind nicht mehr wie früher

## 9. Über die Anzahl der Schaltzellen.

sondern nur noch
$$55 : 2{,}75 = 20,$$
$$16 : 2{,}1 = \sim 8 \text{ Elemente}$$

von der Batterie abzutrennen, so dafs, wenn während der Ladung keine Lampen brennen, also bei Verwendung eines Einfach-Zellenschalters, statt 20 Schaltzellen nur deren 8 benötigt werden. Zu demselben Resultate gelangt man auch auf dem weiter oben zur Bestimmung der Schaltzellen benutzten Wege wie folgt:

Da sich bei beginnender Entladung jedes Element mit ca. 2,1 Volt an der Stromlieferung beteiligt, sind für eine Lichtspannung von 110 Volt

$$\frac{110}{2{,}1} = \sim 52 \text{ Elemente}$$

erforderlich, und es ergeben sich, weil die Batterie im ganzen deren 60 hat

$$60 - 52 = \mathit{8 \ Schaltzellen}.$$

Für eine Lichtspannung von 65 Volt würden sich auf gleichem Wege
$$\frac{65}{2{,}1} = \sim 31 \text{ Elemente}$$

und weiter, da die Batterie im ganzen 36 Elemente besitzt,

$$36 - 31 = \mathit{5 \ Schaltzellen}$$

ergeben.

Hieraus ersieht man, dafs bei Verwendung eines Einfach-Zellenschalters unter Benutzung einer Batterie von 60 Elementen:

$$20 - 8 = 12 \text{ Zellen}$$

und unter Benutzung einer Batterie von 36 Elementen:

$$12 - 5 = 7 \text{ Zellen}$$

weniger mit dem Zellenschalter verbunden zu werden brauchen, als bei Verwendung eines Doppel-Zellenschalters. Diese 12 oder 7 Zellen betragen nun $20^0/_0$ von den 60 resp. 36 Elementen der ganzen Batterie, so dafs allgemein ein Einfach-Zellenschalter $20^0/_0$ weniger Schaltzellen als ein Doppel-Zellenschalter benötigt, d. h.

$33^1/_3\%-20\%=13^1/_3\%$ oder $^1/_7$ aller Elemente als Schaltzellen erhalten mufs.

Wenn in einem Betriebe die Gesamtzahl der Elemente wegen auftretender Leitungsverluste vermehrt wird, sind stets auch die Zusatzzellen mit dem Zellenschalter zu verbinden. Hat z. B. eine Batterie aus genanntem Grunde statt 60 Zellen deren 65 erhalten, so sind mit dem Zellenschalter, wenn während der Ladung Lampen brennen

$$20 + 5 = 25$$

und wenn während der Ladung keine Lampen brennen

$$8 + 5 = 13 \; Schaltzellen$$

zu verbinden.

## 10. Über Parallelbetrieb und die Gröfsenverhältnisse zwischen Maschine und Batterie.

Die meisten Starkstromanlagen arbeiten, um günstige Betriebsverhältnisse zu erzielen, während der Zeit des gröfsten Stromverbrauchs mit Parallelbetrieb, d. h. Maschine und Batterie liefern den benötigten Strom gemeinschaftlich — parallel zu einander — in das vorhandene Leitungsnetz. Bei einem derartigen „normalen" Parallelbetriebe fliefsen Maschinen- und Batteriestrom vom Lichtnetze aus je auf einem gesonderten Wege zu ihrer Stromquelle zurück, also fliefst z. B., nach Fig. 65 auf Seite 95 der Maschinenstrom bei Stellung des Hebels $U_1$ auf $L$ über die äufsere Verbindungsleitung $cLd$ zur Maschine, und der Batteriestrom von $c$ aus über den Entladehebel $Z_e$ des Zellenschalters [zur Batterie zurück, so dafs der während dieses Parallelbetriebes abgegebene Gesamtstrom nur an die Leistungsfähigkeit der Maschine und Batterie gebunden ist. Aufser diesem „normalen" Parallelbetriebe giebt es aber auch noch einen „beschränkten" Parallelbetrieb, dessen Durchführung, wie schon die Bezeichnung sagt, beschränkt, d. h. an bestimmte Betriebsverhältnisse gebunden ist. Man kann nämlich in Anlagen mit Doppel-Zellenschalter zur Herstellung dieser Betriebsart den Maschinenstrom anstatt durch

## 10. Über Parallelbetrieb zwischen Maschine u. Batterie. 55

die äufsere Verbindungsleitung $cLd$ (Fig. 65) auch direkt über den Zellenschalter zur Maschine zurückfliessen lassen, indem man, unter Stellung des Umschalters $U_1$ auf $A$ beide Hebel des Zellenschalters auf ein und dasselbe Kontaktstück bringt. (Über die Verwendung dieser Betriebsart s. S. 97.) Beschränkt ist dieser Parallelbetrieb, weil der Zellenschalter gewöhnlich nur die maximale Entladestromstärke der Batterie, nicht aber diese, vereint mit dem nun ebenfalls noch über den Zellenschalter zurückfliefsenden Maschinenstrome auszuhalten vermag. Deshalb darf beim beschränkten Parallelbetriebe die Lichtstromstärke niemals die Maximalbelastung des Zellenschalters und seiner Verbindungsleitungen übersteigen.

Eine Anlage ist nicht nur, wenn Maschine und Batterie die Stromlieferung zu annähernd gleichen Teilen zu übernehmen vermögen, für den normalen Parallelbetrieb geeignet, sondern auch dann noch, wenn die Stromstärke der Batterie kleiner ist, als die der Maschine, z. B. $^3/_4$ oder $^1/_2$, höchstens aber $^1/_3$ derselben beträgt. Batterien, die noch weniger leisten als $^1/_3$ der Maschinenstromstärke, dürfen nicht mehr zum Parallelbetriebe herangezogen werden, da sie leicht während desselben zuviel Strom abgeben könnten und dann nicht mehr genug für die später folgende Entladung übrig behalten würden. Deshalb wird bei derartig kleinen Batterien, die nur zur Speisung weniger Lampen nach Aufserbetriebsetzung der Maschine bestimmt sind, die Anordnung der Schaltapparate von vornherein so getroffen, dafs sich normaler Parallelbetrieb überhaupt nicht herstellen läfst.[1]) Auch beschränkter Parallelbetrieb ist in Anlagen dieser Art unter normalen Verhältnissen nicht statthaft, wenngleich man ihn durch Drehen beider Zellenschalterhebel auf ein und dasselbe Kontaktstück herstellen kann. Diese Betriebsart darf indessen nur ganz ausnahmsweise benutzt werden, um etwa bei Betriebsstörungen plötzlich auftretende Lichtschwankungen zu mildern.

---

[1]) Jede der weiter unten eingehend beschriebenen Hauptschaltmethoden (z. B. Anlage III für Ladung mit Zusatzmaschine, oder Anlage II mit Doppel-Zellenschalter) läfst deshalb wieder zwei Betriebsarten zu, je nachdem die Batterie für Parallelbetrieb grofs genug oder aber zu klein ist. Im Schema weichen derartige Anlagen bis auf die Anordnung des Ladeumschalters und des Stark- resp. Schwachstrom-Automaten nicht wesentlich voneinander ab.

Die Möglichkeit, Maschine und Batterie in Parallelbetrieb miteinander arbeiten zu lassen, ist aber nicht nur von der Gröfse der Batterie, sondern auch von der Schaltungsart der Maschine abhängig. Wie zur Ladung, so eignen sich auch zum Parallelbetriebe Nebenschlufsmaschinen vorzüglich, Hauptstrommaschinen gar nicht und Compoundmaschinen nur unter Ausschlufs ihrer Compoundwickelung, weil sonst durch rückschlagenden Batteriestrom dieselben Störungen wie bei der mit solchen Maschinen durchgeführten Ladung entstehen würden (s. Seite 8). Da nun aber Parallelbetrieb mitunter auch in Anlagen mit Compoundmaschine wünschenswert ist, findet in derartigen Betrieben eine weiter unten (unter 31 auf Seite 153) besprochene Schaltung Verwendung, durch deren Benutzung auch Compoundmaschinen mit Akkumulatoren in Parallelbetrieb arbeiten können. Sie beruht im wesentlichen darauf, dafs man den der Batterie zur Unterstützung der Maschine entnommenen Strom so durch die Compoundwickelung selbst sendet, dafs etwa entstehender Rückstrom keine Umpolarisierung der Maschine hervorrufen kann.

Batterien, die zu klein für Parallelbetrieb sind, können auch während der Hauptlichtlieferung nicht zur Verminderung von Spannungsschwankungen dienen, weil die Akkumulatoren beruhigend nur dann auf das Lichtnetz einwirken, wenn sie mit demselben in direkter Berührung bleiben, was aber bei Anlagen mit kleiner Batterie während des Maschinenbetriebes gewöhnlich nicht der Fall ist. Die gröfste Regulierfähigkeit besitzt eine Batterie, wenn sie sich selbst mit an der Stromlieferung beteiligt, doch ist auch gleichzeitiger Ladebetrieb statthaft. Dabei wird die Netzspannung stets konstant, — gleich der Entladespannung der Batterie, — bleiben, nicht aber den Spannungsschwankungen der Maschine unterliegen, weil zufolge der Konstanz der Batteriespannung ein plötzliches Wachsen oder Fallen der Maschinenspannung nur eine stärkere oder schwächere Belastung der Maschine verursachen kann.

Die Batterie wirkt also in der That regulierend. So wird z. B. eine durch langsameres Laufen der Betriebsmaschine

### 10. Über Parallelbetrieb zwischen Maschine u. Batterie.

hervorgerufene Spannungsverminderung der Dynamo nicht auch eine Spannungsverminderung des gesamten Lichtnetzes zur Folge haben, sondern, weil die Batterie für Gleichhaltung der Spannung sorgt, wird sich nur die Stärke des von jeder Elektricitätsquelle gelieferten Stromes ändern, und zwar wird in diesem Falle die Batterie solange mehr und die Maschine entsprechend weniger Strom in das Leitungsnetz abgeben, bis wieder die normale Tourenzahl der Maschine und mit dieser auch die frühere Spannungsverteilung erreicht ist. Umgekehrt würde die Maschine bei plötzlichem Überhandnehmen ihrer Spannung mehr Strom in das Leitungsnetz senden und die Batterie entsprechend weniger.

Dieser Vorgang wiederholt sich nun ohne Lichtschwankung bei jedem Wechsel der Tourenzahl, doch muſs auch während des Parallelbetriebes die Lichtspannung mit fortschreitender Entladung durch den Zellenschalter konstant gehalten werden. Stets ist aber nach Zuschaltung einer Zelle mit Hilfe des Nebenschlussregulators wieder das richtige Verhältnis der von Maschine und Batterie gelieferten Stromstärken herzustellen.

Soll ein Akkumulator während des Lichtbetriebes nur zum Spannungsausgleich dienen, nicht aber auch die Maschine in der Stromlieferung unterstützen, so ist es an sich einerlei, ob er während dieser Zeit Strom aufnimmt oder solchen abgiebt, doch muſs in beiden Fällen darauf geachtet werden, daſs der einmal gewählte Betrieb (Entladung oder Ladung) sowohl bei der höchsten als auch der niedrigsten Tourenzahl der Maschine beibehalten werden kann, ohne daſs mit dem Steigen oder Sinken der Spannung ein Übergehen von der Entladung zur Ladung oder umgekehrt geboten erscheint. Bei jedem derartigen Übergange würden neue heftige Spannungsschwankungen entstehen, die aber doch gerade vermieden werden sollen.

Wenn die Antriebsmaschine nur ganz unwesentlichen Schwankungen unterworfen ist, kann man die oben erwähnten Umstände auſser acht lassen, indem Maschine und Batterie zwar parallel geschaltet, aber so eingestellt werden, daſs letztere weder Strom aufnimmt, noch abgiebt. Auch in diesem

Falle wirkt die Batterie günstig auf die Gleichmäfsigkeit des Lichtes, dient aber aufserdem als Momentreserve, d. h. ist bei eintretender Betriebsstörung sofort bereit, die Stromlieferung auf längere oder kürzere Zeit selbstthätig zu übernehmen und somit die Betriebssicherheit der Gesamtanlage wesentlich zu erhöhen.

## 11. Über den Anschlufs des Nebenschlufsregulators.

Wie schon auf Seite 9 angegeben und durch Fig. 3 veranschaulicht, ist die aus vielen dünnen Windungen bestehende Magnetwickelung einer Nebenschlufsmaschine mit ihren beiden Enden an die Schleifbürsten des Ankers angeschlossen, so dass sie direkt von einem Teile des im Anker erzeugten Stromes durchflossen wird. Um jedoch auch die Klemmenspannung dieser Maschinen verändern zu können, fügt man in die Magnetleitung noch einen regulierbaren Widerstand, in Fig. 3 mit $R$ bezeichnet, ein, mit dessen Hilfe man den Magnetwiderstand je nach Erfordernis vergröfsern oder verkleinern und damit die Maschinenspannung entsprechend vermindern oder steigern kann, wie auch durch ihn ein völliges Abschalten, also Unterbrechen der Magnetleitung, möglich ist, wodurch die Maschine dann stromlos wird. Dieser Nebenschlufsregulator braucht nun nicht unbedingt, wie in Fig. 3 angegeben, zwischen die beiden Magnetschenkel geschaltet zu werden, sondern kann auch, wie Fig. 55 zeigt, zwischen den Anfang der Magnetwickelung und die positive Bürste, oder, wie aus Fig. 56 ersichtlich, zwischen das Ende der Magnetwickelung und die negative Bürste gelegt werden. Dann wird der Vorteil geboten, den bei jeder Unterbrechung des Magnetstromkreises entstehenden Induktionsstrom, der bei zu schneller Abschaltung leicht eine zur Beschädigung der Magnetwickelung genügende Stärke erreichen kann, unschädlich zu machen, indem man das blinde Kontaktstück des Regulators, auf das die Kurbel im Momente der Stromunterbrechung gestellt wird, mit dem nicht an den Regulator an-

11. Über den Anschluſs des Nebenschluſsregulators. 59

geschlossenen Ende der Magnetleitung verbindet, so daſs sich der entstehende Induktionsstrom in der nun in sich selbst geschlossenen Magnetwickelung totlaufen kann.

Die schematische Darstellung der Fig. 55 und 56 entspricht der später allgemein in den Schaltungsschemen gewählten Art, indem der Kreis mit den zwei tangierenden Linien den Anker nebst Bürsten und die beiden darunter gezeichneten Zickzacklinien $Nb$ je eine Schenkelwickelung darstellen. Der eben erwähnte Kontakt des Nebenschluſsregulators $R$, durch den im Momente der Stromunterbrechung eine Kurzschlieſsung des Magnetdrahtes erfolgt, ist durch einen kleinen Kreis gekennzeichnet.

Diese Art der Verbindung des Nebenschluſsregulators mit der Magnetleitung der Maschine einerseits und einem Ma-

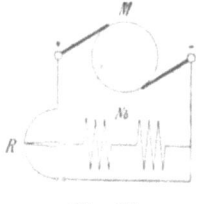

Fig. 55.

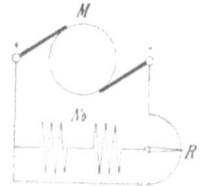

Fig. 56.

schinenpole anderseits nennt man die Schaltung für Selbsterregung, weil sich die Maschine, sobald der Regulator geschlossen wird, ohne Zuhilfenahme einer anderen Stromquelle, also ganz von selbst, durch ihren remanenten[1]) Magnetismus erregen kann. Da jedoch bei derartig geschalteten Maschinen unter besonderen, allerdings nur ganz selten auftretenden Umständen, z. B. durch heftigen Kurzschluſs oder durch allzuschnelle Unterbrechung der Nebenschluſsleitung eine Umpolarisierung der Magnetschenkel eintreten kann, läſst man

---

[1]) Im Gegensatze zu Stahl, der, einmal auf diese oder jene Weise magnetisiert, magnetisch bleibt, d. h. den Magnetismus noch lange Zeit in beträchtlicher Stärke behält, verliert weiches Eisen (Schmiedeeisen), sobald die magnetisierende Kraft zu wirken aufhört, auch seinen Magnetismus wieder. Dennoch bleibt aber auch beim Schmiedeeisen eine, wenn auch nur ganz geringe und kaum merkbare Spur von Magnetismus zurück, die, als remanenter Magnetismus bezeichnet, immerhin genügt, um beim Anlaufen einer Dynamomaschine den stets erforderlichen verschwindend schwachen Erregestrom hervorzubringen.

die Nebenschlufswindungen nicht selten durch Fremdstrom, d. h. von der Batterie oder von anderen schon im Betriebe befindlichen Maschinen aus erregen. Diese Schaltung der Magnetwickelung, die sich besonders bei Zusatzmaschinen (s. Seite 13) oder auch gelegentlich bei Parallelschaltung einer Batterie mit mehreren Maschinen (s. Seite 104) findet, ist in Fig. 57 schematisch dargestellt. Wiederum bezeichnet $M$ den Anker, $Nb$ die Magnetwickelung und $R$ den Nebenschlufsregulator der Maschine, der einerseits an die Nebenschlufswindungen $Nb$ und anderseits nicht an die positive Maschinen-

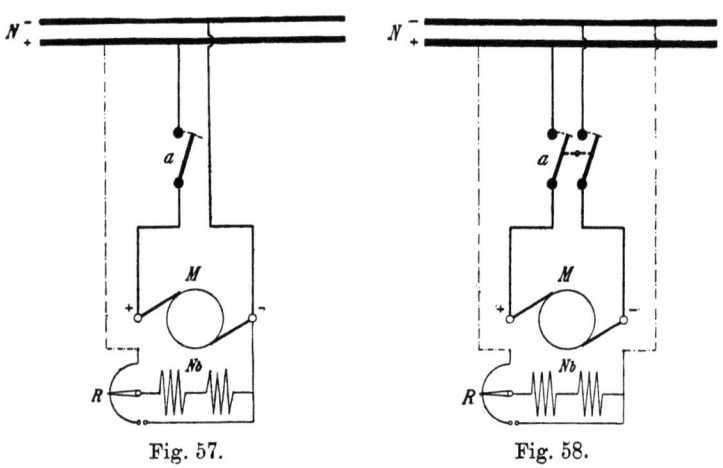

Fig. 57.  Fig. 58.

klemme, sondern an die des Lichtnetzes $N$ angeschlossen ist. Letzteres steht schon vor Inbetriebsetzung der Maschine unter Normalspannung, indem es von einer Batterie oder von anderen Maschinen aus gespeist wird. Dementsprechend wird, sobald man den Nebenschlufsregulator $R$ geschlossen hat, durch die Windungen $Nb$ ein die Magnetschenkel erregender Strom fliefsen. Da dieser Erregestrom stets dieselbe Richtung beibehält, ist ein Umpolarisieren der Magnetschenkel ausgeschlossen.

Der Schalter $a$ darf beiläufig nicht eher geschlossen werden, als bis die Spannung der Maschine mindestens bis auf die des Leitungsnetzes $N$ gestiegen ist.

Wenn eine doppelpolig abgeschaltete Maschine mit Fremderregung anlaufen soll, wie dies unter Umständen von Zusatzmaschinen gefordert wird, müssen, wie durch Fig. 58 veranschaulicht, die Nebenschlufswindungen $Nb$ beiderseitig noch vor dem Ausschalter abgezweigt, also beiderseitig mit einer stromführenden Leitung in Verbindung gebracht werden.

In den weiter unten folgenden Schaltungsschemen ist, bis auf wenige Ausnahmen, Selbsterregung der Magnete angenommen.

## 12. Über das Nachladen einzelner Zellen.

Um eine Akkumulatorenbatterie in dauernd gutem und betriebsfähigem Zustande zu erhalten, ist vor allem wichtig, täglich darauf zu achten, ob sich auch alle Zellen gleichmäfsig an der Ladung beteiligen. Bleibt ein Element den anderen gegenüber in der Gasentwickelung, die nach fortgeschrittener Ladung stets eintreten mufs, wesentlich zurück, so liegt gewöhnlich ein Kurzschlufs des Elementes vor, indem ein zwischen die Platten geratenes Metallstück oder auch ausgefallene Füllmasse einen direkten Stromübergang von einer Platte zur anderen bewirkt, wodurch, auch im Ruhezustande der Batterie, ein mehr oder weniger starker Stromverlust der betreffenden Zelle, der ihre allmähliche Entladung bedingt, eintritt. Nach Beseitigung derartiger Kurzschlüsse mufs sobald als möglich die Wiederaufladung der betreffenden Zelle vorgenommen werden. Dies geschieht, indem man sie von den anderen Elementen lostrennt (abschneidet) und dann durch entsprechende zeitweilige Drahtverbindungen solange stets nur während der Ladung in den Stromkreis einschaltet, bis sie sich wieder in normaler Weise an der Gasbildung beteiligt. Erst wenn dieser Zustand eingetreten ist, darf die dauernde Wiedereinfügung des Elementes in die Batterie durch Wiederverlöten der durchsägten Bleileisten bewerkstelligt werden. Dieses umständliche und ziemlich betriebsunsichere Verfahren kann in Anlagen, denen zum

Laden eine Zusatzmaschine (s. Seite 13) zur Verfügung steht, umgangen werden, indem man diese Maschine direkt zum Nachladen einzelner, etwa in der Gasbildung zurückgebliebener Elemente benutzt. Dies natürlich unter der Voraussetzung, daſs die magnetischen Verhältnisse der Zusatzmaschine auch bei der so niedrigen Klemmenspannung, wie sie zur Ladung eines einzelnen Elementes erforderlich ist, die Erzeugung der normalen Ladestromstärke ermöglichen. Dann wird, wie aus Fig. 59 und 60 hervorgeht, unter Verwendung eines doppelpoligen oder auch einpoligen Umschalters eine besondere Nachladeleitung von der Zusatzmaschine nach dem Akkumulatorenraume geführt, die daselbst in zwei leicht beweglichen Kabeln endend, durch entsprechend geformte Klemmschrauben an die Bleileisten bald dieser, bald jener, eine Nachladung erfordernden Zelle angeschlossen und später, wenn die Nachladung beendet ist, ebenso einfach wieder entfernt werden können.

Das später beim Zusatzmaschinenbetriebe eingehend besprochene und daselbst durch Fig. 69 dargestellte Schaltungsschema III N $g$, das bei Verwendung einer Nebenschluſsmaschine und groſsen Batterie zur Ausführung kommt, ist in Fig. 59 unter Einfügung einer mit doppelpoligem Umschalter versehenen Nachladeleitung dargestellt. In der früher vom negativen Maschinenpole über die Zusatzmaschine zum Zellenschalter $Z$ führenden Leitung liegt jetzt ein doppelpoliger Umschalter $U$ (s. Fig. 36), dessen einer Hebel an die positive und dessen anderer, unter Zwischenschaltung des Minimum-Automaten $SA_2$ an die negative Zusatzmaschinenklemme angeschlossen ist, während die beiden unteren Kontakte $L$ mit $M_1$ — resp. $Z$ und $a_1$ und die beiden oberen Kontakte $N$ mit der nach dem Akkumulatorenraume führenden Nachladeleitung $Acc.$, in der zur Kontrolle der Ladestromstärke ein Ampèremeter $A_3$ und vorteilhaft auch ein Stromrichtungszeiger liegt, in Verbindung gebracht sind. Auſserdem haben die Nebenschluſswindungen $Nb_2$ der Zusatzmaschine beiderseitigen Batterieanschluſs erhalten, weil dieselben sonst während der Ladung keinen, oder zu schwachen Erregestrom erhalten würden.

## 12. Über das Nachladen einzelner Zellen.

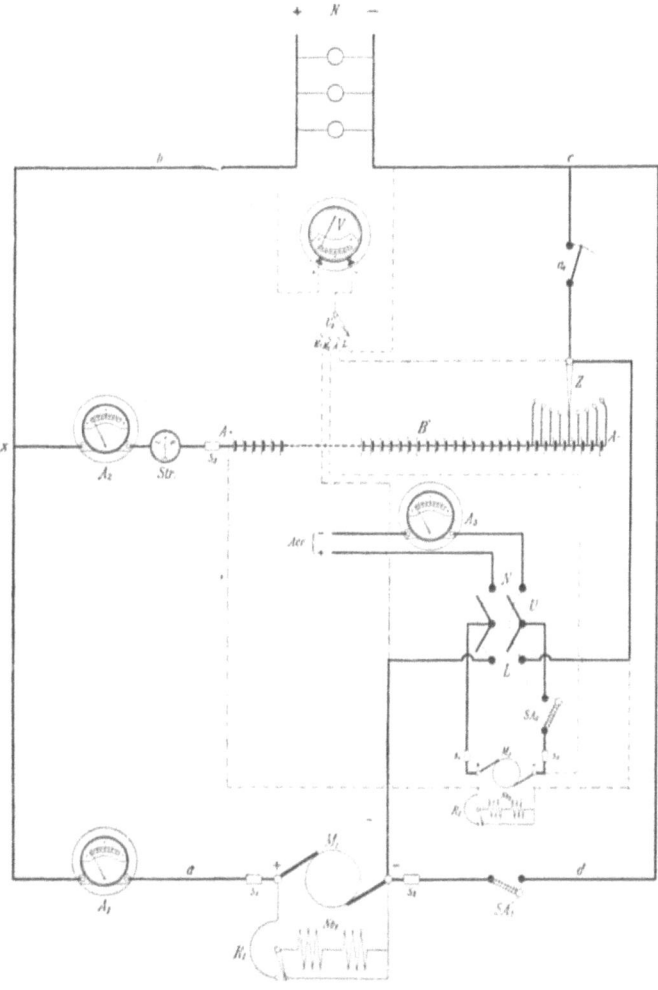

Fig. 59.
**Schaltungsanordnung zum Nachladen einzelner Zellen.**
„Doppelpolige Umschaltung."

Die normale Ladung der Batterie erfolgt, nachdem $U$ auf $L$ (Ladung) gestellt wurde, genau so wie sonst und wie in den Betriebsvorschriften 26 auf Seite 132—138 angegeben. Um indessen eine Nachladung vorzunehmen, ist, nachdem die beweglichen Kabel im Akkumulatorenraume an die nachzuladende Zelle angeschlossen wurden, die Zusatzmaschine zu erregen und, wenn sie die erforderliche Spannung, die für eine Zelle etwa 3 Volt beträgt, erreicht hat, $U$ auf $N$ (Nachladung) zu stellen und dann durch Einrücken des Minimum-Automaten $SA_2$ der Stromkreis zu schliefsen und weiterhin durch Regulieren am Nebenschlufsregulator $R_2$ der Zusatzmaschine die Ladestromstärke, die bei $A_3$ zu erkennen ist, auf normale Höhe zu steigern. Wenn, wie in Fig. 59 angenommen, nicht ein besonderes, nur für geringe Spannungen bestimmtes Voltmeter, das vorteilhaft durch einen doppelpoligen Umschalter je nach Erfordernis mit der Nachladeleitung oder der Zusatzmaschine in Verbindung gebracht werden kann, vorhanden ist, läfst sich die Zusatzmaschinenspannung auch am Betriebsvoltmeter $V$ erkennen, indem dasselbe unter Stellung der Umschalter $U_2$ auf $M_2$ und $U$ auf $L$ ca. 3 Volt mehr als die normale Klemmenspannung der Hauptmaschine beträgt, also bei 110 Volt Klemmenspannung etwa 113 Volt anzeigen mufs.

In Fig. 60 ist dieselbe Einrichtung für Nachladung einzelner Zellen bei Verwendung eines einpoligen Umschalters (Fig. 23—25) angegeben und zwar in Kombination mit dem ebenfalls später unter den Zusatzmaschinenschaltungen eingehend besprochenen und daselbst durch Fig. 72 veranschaulichten Schema IIICg, das in Anlagen zur Verwendung kommt, in denen eine Compoundmaschine mit der Batterie in Parallelbetrieb arbeitet.

Die Schaltungsänderung besteht in der Einfügung eines einpoligen Umschalters mit Unterbrechung in die vom positiven Zusatzmaschinenpole $M_2+$ zur negativen Nebenschlufsklemme $N-$ der Hauptmaschine $M_1$ führenden Leitung, derart, dafs mit letzterer Kontakt $L$ des Umschalters $U$ verbunden wird, während dessen Schalthebel an $M_2+$ und die Nachladeleitung, in der wiederum ein Ampèremeter $A_3$ liegt, einerseits unter Zwischenschaltung einer Sicherung $s_6$ an Kon-

12. Über das Nachladen einzelner Zellen. 65

takt $L$ des Umschalters $U_1$ und anderseits an Kontakt $N$ des Umschalters $U$ angeschlossen ist. Die Nebenschlufswin-

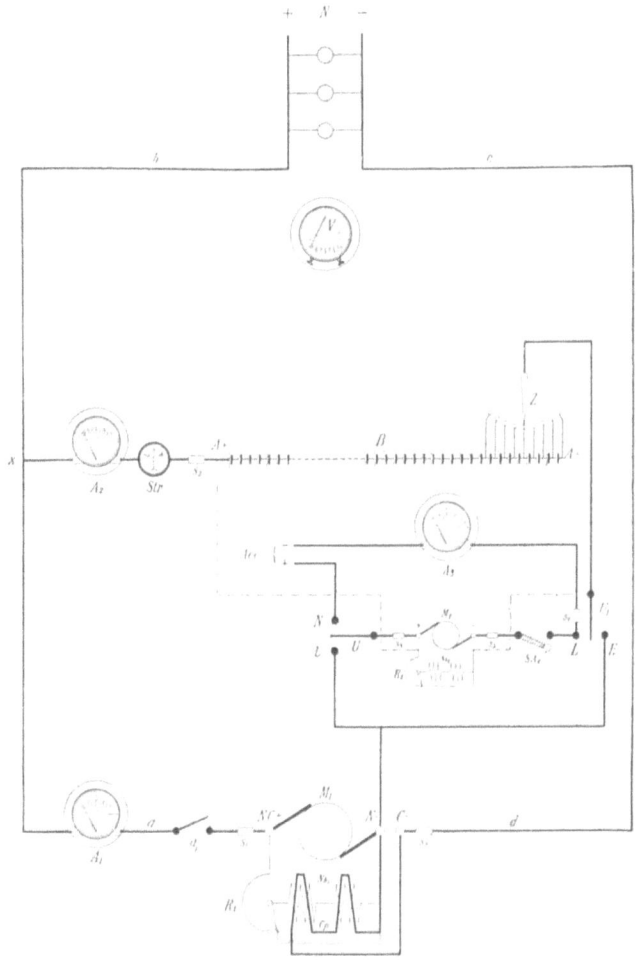

Fig. 60.
**Schaltungsanordnung zum Nachladen einzelner Zellen.**
„Einpolige Umschaltung."

dungen $Nb_2$ der Zusatzmaschine $M_2$ müssen wiederum beiderseitigen Batterieanschlufs erhalten, damit deren Erregestrom während der Nachladung konstant bleibt. Da in diesem Falle das schon vorhandene Betriebsvoltmeter nicht verwendet werden kann, ist die Einfügung eines besonderen, für niedrige Spannungen gebauten Voltmeters vorteilhaft. In dem Schema der Fig. 60 ist jedoch auf dessen Angabe, wie auch auf den Anschluſs des doppelpolig umzuschaltenden Betriebsvoltmeters verzichtet, um das Wesentliche der die Nachladung einzelner Zellen ermöglichenden Schaltungsänderung klarer hervortreten zu lassen.

Die Nachladung geschieht bei Stellung des Umschalters $U$ auf $N$ (Nachladung), wobei $U_1$, wenn kein zu starker Entladestrom gebraucht wird, ruhig auf $E$, nie aber auf $L$ stehen darf. Zur normalen Ladung hingegen, die im allgemeinen genau so, wie auf Seite 160—162 angegeben, durchgeführt wird, sind beide Schalthebel $U$ und $U_1$ auf $L$ (Ladung) überzuführen. Das sofortige Abnehmen der Klemmschrauben im Akkumulatorenraume ist bei Beendigung einer jeden Nachladung unbedingtes Erfordernis, weil sonst bei der durch die folgende normale Ladung bedingten Überführung des Hebels $U_1$ nach $L$ ein Kurzschluss aller momentan zwischen dem negativen Drahte der Nachladeleitung und dem Zellenschalterhebel liegenden Elemente entstehen würde. Um der Batterie jedoch auch für diese Eventualität einen Schutz vor Zerstörung zu gewähren, liegt in der Nachladeleitung noch die Sicherung $s_6$.

3. Abschnitt.
# Schaltungsarten und Betriebsvorschriften.

## 13. Allgemeines.

Durch Vereinigung von Maschine und Batterie in einer Anlage ist die Möglichkeit geboten, folgende fünf verschiedene Betriebsarten herzustellen:

1. Reiner Maschinenbetrieb.
2. Reiner Batteriebetrieb.
3. Parallelbetrieb.
4. Ladung ohne gleichzeitige Stromabgabe.
5. Ladung mit gleichzeitiger Stromabgabe.

Um nun nach Bedürfnis bald diese, bald jene Betriebsart wählen oder aus einer in die andere übergehen zu können, müssen Maschine, Batterie und Leitungsnetz stets in geeigneter Weise miteinander verbunden werden. Da jedoch ein jedesmaliges Lösen und Wiederverbinden der Leitungsdrähte praktisch unausführbar sein würde, legt man zwischen diese Verbindungsleitungen noch geeignete Schaltapparate, durch deren Bethätigung dann mit Leichtigkeit jeder gewünschte Betrieb hergestellt werden kann.

Weil nun durch die Verwendung bald dieser bald jener Maschinenart, oder auch durch die Forderung, hier nur einige, dort aber alle fünf der genannten Betriebsarten herstellen zu können, ganz bestimmte Anhaltspunkte für die Art und Lage der Schaltapparate und der Verbindungsleitungen gegeben sind, haben sich allmählich für die in der

68  3. Abschnitt. Schaltungsarten u. Betriebsvorschriften.

Praxis öfters wiederkehrenden Betriebsfälle ganz bestimmte günstigste Schaltungsarten ausgebildet, deren schematische Darstellung man „Schaltungsschemen" (Schemata) zu nennen pflegt. Von besonderer Wichtigkeit und für die Zwecke dieses Buches vollkommen ausreichend, sind besonders vier Schaltmethoden, die, je nach den örtlichen Verhältnissen, bald hier, bald da verwendet, erfahrungsgemäfs den Forderungen aller unter normalen Verhältnissen arbeitenden und hier in Betracht kommenden Starkstromanlagen genügen. Die Betriebe, denen die vier Schaltmethoden entsprechen und die weiter unten an der Hand ihrer Schaltungsschemen eingehend erläutert werden, sind:

I. Anlage mit Doppelspannungsmaschine und Einfach-Zellenschalter.
II. Anlage mit Doppelspannungsmaschine und Doppel-Zellenschalter.
III. Anlage für Ladung mit Zusatzmaschine.
IV. Anlage für Ladung in zwei Reihen.

Jede der nach diesen Betrieben bestimmten vier Hauptschaltmethoden läfst nun wieder zwei, im folgenden mit $g$ und $k$ bezeichnete Unterbetriebsarten zu, je nachdem die Batterie für Parallelbetrieb grofs genug (s. unter 10 Seite 54), oder zu klein dazu ist.[1])

Schaltung III und IV sind aber aufserdem noch ergänzungsfähig, weil die Betriebsdynamo nicht nur als Nebenschlufs-, sondern auch als Compoundmaschine gebaut sein kann. Selbstverständlich ist hier nun wiederum für jede der beiden Maschinenarten der $g$- und $k$-Betrieb durchführbar, so dafs sich jetzt sowohl für Schaltung III als auch für Schaltung IV je zwei mal zwei oder vier Unterbetriebsarten ergeben. Um Verwechselungen vorzubeugen, seien deshalb für Schaltung III und IV noch die Extrabezeichnungen $N$ = Nebenschlufs-

---

[1]) Die Bezeichnungen $g$ und $k$ lassen sich leicht merken, wenn man beachtet, dafs $g$ den Anfangsbuchstaben von grofs (grofse Batterie), $k$ dagegen den Anfangsbuchstaben von klein (kleine Batterie) bildet. Grofs soll im folgenden eine Batterie stets genannt werden, wenn sie Parallelbetrieb zuläfst, also mindestens $1/_3$ der Maschinenstromstärke liefern kann, klein dagegen, wenn Parallelbetrieb ausgeschlossen ist, d. h. wenn die Entladestromstärke geringer ist, als $1/_3$ der Maschinenleistung.

maschine und $C =$ Compoundmaschine hinzugefügt, so dafs
man z. B. unter III C k eine Schaltung für Anlage III versteht,
die mit Compoundmaschine und einer kleinen Batterie, also
ohne Parallelbetrieb, arbeitet, während die Bezeichnung IV N g
sagen soll, dafs in einer Reihenschalteranlage eine Nebenschlufsmaschine mit grofser Batterie zusammen arbeitet.

Jede der vier Betriebsarten für Reihenschalter kann nun
wieder so ausgeführt werden, dafs entweder bei gleichzeitiger
Ladung Licht gebrannt werden darf oder nicht. Weil aber
dieser Betriebsunterschied aufser der Hinzufügung oder Weglassung eines Vorschaltwiderstandes im Schaltungsschema
keine Änderung erfordert, sollen bei den später folgenden
Betriebsvorschriften der Anlagen IV nicht immer beide Arten
durchgeführt, sondern je nach Erfordernis bald die erstere,
bald die letztere Art erläutert und entsprechend durch die
kleinen griechischen Buchstaben α (alpha) oder β (beta) besonders gekennzeichnet werden.

Die in jeder Anlage nötigen Schaltapparate und Mefs-
instrumente, deren Art und Anzahl aus dem betreffenden
Schaltungsschema ersichtlich ist, werden auf einer gemeinsamen Tafel, der Schalttafel, angebracht, um der gerechten
Forderung, die gesamte Anlage von einem Orte aus bedienen zu können, zu entsprechen.

Es sei hier besonders darauf hingewiesen, dafs die genaue Kenntnis des Schaltungsschemas einer Anlage für die
Bedienung der Schalttafel von gröfster Wichtigkeit ist, weil
der Schaltende, wenn er erst die Verbindungen der Apparate,
Leitungen und Stromquellen untereinander im Geiste vor sich
sieht, mit absoluter Sicherheit arbeitet. Auf diese Weise
kann er schon in verhältnismäfsig kurzer Zeit grofse Geschick-
lichkeit in der Behandlung der Schaltapparate erreichen und
wird bei Betriebsstörungen nie den unbedingt nötigen Über-
blick und die Geistesgegenwart verlieren.

## Schaltung I.
**Für Anlagen mit Doppelspannungsmaschine und Einfach-Zellenschalter.**

## 14. Gesamterläuterungen.

Um den Hauptzusammenhang zwischen Maschine, Batterie und Leitungsnetz zu zeigen, sei dieser Betrieb, zunächst unter Weglassung aller Nebenapparate, in Fig. 61 veranschaulicht. $M$ stellt eine Nebenschlufsmaschine dar, deren Spannung sich durch den regulierbaren Nebenschlufswiderstand (Nebenschlufs-regulator) $R$, der an die Nebenschlufswindungen $Nb$ angeschlossen ist, genügend verändern läfst, $B$ von $A+$ bis $A-$ ist die Batterie mit dem Zellenschalter $Z$, $U_1$ ein Ladeumschalter, dessen Hebel mit den Kontakten $A$ oder $L$ verbunden werden kann. Das Leitungsnetz $N$ erhält den Betriebsstrom über die Verbindungsleitungen $a, b, c, d$. Wenn der Zellenschalter $Z$ als Entladeschalter bei Stillstand der Maschine dienen soll, wird er auf den der Lichtspannung entsprechenden Kontakt gestellt, indem dann der Strom vom positiven Pole $A+$ der Batterie über $x$ und $b$ zum Leitungsnetze $N$ und von da aus über $c$ und den betreffenden Kontakt des Zellenschalters $Z$ zur Batterie zurückfliefst.

Der Ladestromkreis kann auf zweierlei Weise hergestellt werden, einmal bei Stellung des Hebels $U_1$ auf $A$ (Akkumulator), dann aber auch bei Stellung desselben auf $L$ (Leitung). Wenn über $A$ geladen wird, sind alle Zellen während der ganzen Dauer der Ladung eingeschaltet, und man kann den Zellenschalter auch während dieser Zeit zur Versorgung des Leitungsnetzes mit Betriebsstrom benutzen, mufs aber zur Vernichtung der während der Ladung herrschenden Überspannung entsprechend mehr Zellen, als bei gewöhnlicher Entladung nötig wären, abschalten. Die gleichzeitige Ladung aller Elemente über $A$ im täglichen Betriebe durchzuführen, ist unvorteilhaft, weil die Endzellen, die an der vorhergehenden Entladung nur wenig oder gar nicht beteiligt waren, bei jeder Ladung eher gefüllt sind als die übrigen Elemente und deshalb dauernd überladen werden, wodurch viel Strom verloren geht, und die aktive Masse der

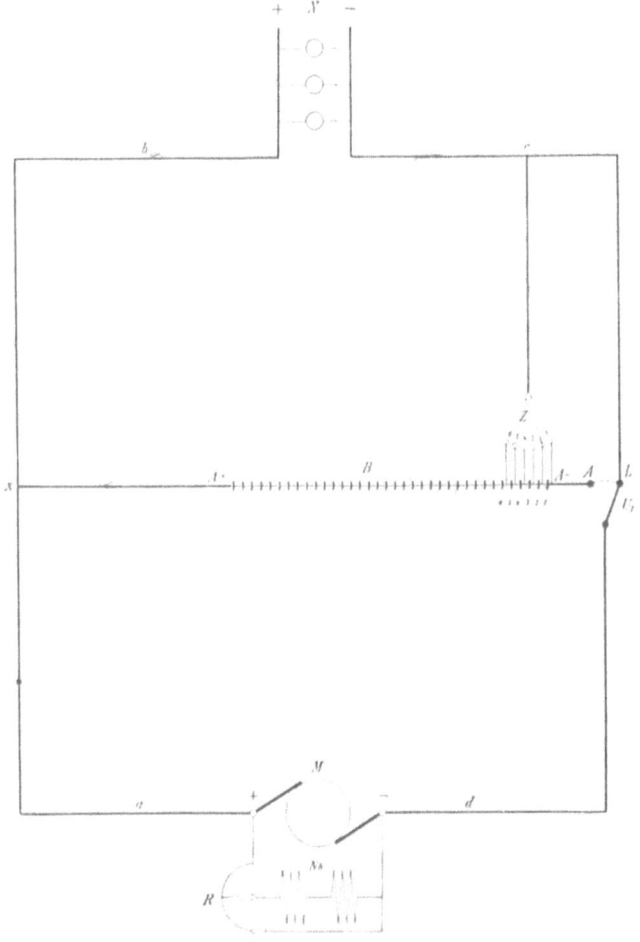

Fig. 61.
**Schematische Andeutung einer Einfach-Zellenschalter-Anlage.**

Akkumulatorenplatten gelockert wird und herausfällt. Wenn man dagegen über $L$ und den Zellenschalter $Z$ ladet und den Hebel des letzteren nicht während der ganzen Ladung auf dem Kontaktstück *1* stehen läfst, sondern ihn stets, nachdem eine Zelle gefüllt ist, um einen Kontakt weiterrückt (also diese Zelle abschaltet), umgeht man vorteilhaft die Überladung und erreicht eine gleichmäfsige Sättigung aller Elemente. Diese Art des Betriebes mittels einfachen Zellenschalters, also dessen Benutzung sowohl zur Ladung als auch zu der später folgenden Entladung, bringt keinerlei Nachteile für die Akkumulatoren selbst mit sich, ist aber nur da zu verwenden, wo während der Ladung kein Lichtstrom gebraucht wird, weil während dieser Zeit das gesamte Leitungsnetz unter der für den Lichtbetrieb unzulässig hohen Ladespannung stehen müfste. Um einen korrekten Betrieb zu erzielen, sollten deshalb in Anlagen mit Doppelspannungsmaschinen Einfach-Zellenschalter nur dann Verwendung finden, wenn während der Ladung kein Betriebsstrom gebraucht wird.

Man könnte hier ja die Überspannung durch einen toten Widerstand verzehren, aber wozu dies? — Wenn eben betriebsmäfsig auch während der Ladung Licht gebraucht wird, benutzt man von vornherein einen Doppel-Zellenschalter. Damit ist aber keineswegs gesagt, dafs der Doppel-Zellenschalter stets zu wählen sei. Weil sich eine Einfachzellenschalter-Anlage von einer Doppelzellenschalter-Anlage nicht nur durch das Fehlen des zweiten Zellenschalterhebels, sondern auch durch die viel geringere (20%, s. Seite 53) Anzahl der Schaltzellen unterscheidet, läfst sich eine richtig gebaute Einfachzellenschalter-Anlage nicht so ohne weiteres durch Hinzufügung des zweiten Zellenschalters (des Ladeschalters) in eine Doppelzellenschalter-Anlage umwandeln, sondern es mufs zugleich auch die Anzahl der Schaltzellen um 20 % vermehrt werden. Wenn man nun heute vielfach der Meinung ist, dafs der Doppel-Zellenschalter stets dem einfachen vorzuziehen sei, weil beide Apparate jetzt fast gleiche Preise haben, so übersieht man dabei, dafs die Verteuerung bei Verwendung eines Doppel-Zellenschalters nicht durch den Apparat selbst, sondern hauptsächlich durch die gröfsere Anzahl der Zellenschalterleitungen verursacht wird, und dafs diese Verteuerung recht beträchtlich werden kann, wenn Schalttafeln und Batterie nicht unmittelbar nebeneinander liegen. Wenn freilich bei einer Einfachzellenschalter-Anlage betriebsmäfsig über $A$ geladen und über $Z$ gleichzeitig gebrannt wird, wenn also verfehlterweise von vornherein schon $33^1/_3$ % aller Elemente am Zellenschalter liegen, dann ist es selbstverständlich vorteilhafter, die Anlage durch Hinzufügung eines Lade-Zellenschalters zur Doppelzellenschalter-Anlage umzubauen und dadurch einer betriebsmäfsigen Überlastung der Schaltzellen in Zukunft vorzubeugen.

Der Ladeumschalter $U_1$ ist nicht nötig, doch wird er gewöhnlich angebracht, um bei zufällig eintretendem Lichtbedürfnis (z. B. ausnahmsweisen Reparaturen an dunklen Orten etc.) auch während der Ladung etwas Strom in das Leitungsnetz abgeben zu können, indem dann die Batterie über $A$ geladen und der Betriebsstrom für das Leitungsnetz gleichzeitig durch den Zellenschalter $Z$ entnommen wird. Dieser Betrieb ist aber nur ganz ausnahmsweise statthaft, für den täglichen Gebrauch jedoch entschieden zu verwerfen, weil die mit dem Zellenschalter verbundenen Elemente schon in kurzer Zeit zerstört werden. Wenn die Batterie grofs[1]) genug ist, läfst sich mit Parallelbetrieb arbeiten, indem die Maschine durch den Nebenschlufswiderstand $R$ und die Batterie mit dem Zellenschalter $Z$ auf die Lichtspannung reguliert und dann $U_1$ auf $L$ gestellt wird. Maschinen- und Batteriestrom vereinigen sich dann bei $x$ (s. Fig. 61), fliefsen gemeinschaftlich durch das Leitungsnetz $N$ bis zum Punkte $c$, um von da aus teils über den Zellenschalter $Z$ zur Batterie $B$, teils über den Ladeumschalter $U_1$ und die Leitung $d$ zur Maschine $M$ zurückzukehren.

**1. Schema Ig.**

**Für Doppelspannungsmaschine, Einfach-Zellenschalter und grofse Batterie.**

Parallelbetrieb ist zulässig.
Während der Ladung dürfen k e i n e Lampen brennen.

## 15. Erläuterungen.

Diese Schaltungsart wird vorteilhaft in Anlagen verwendet, in denen zwar während des Tages kein Licht, während einiger Abendstunden dagegen soviel gebraucht wird, dafs die Betriebsmaschine den Strombedarf nicht allein zu decken vermag. Dann werden am Tage die Akkumulatoren geladen, die wiederum abends zur Zeit des gröfsten Stromverbrauchs die Maschine unterstützen und die auch nach Stillstand der Maschine die etwa noch zu speisenden Lampen

---

[1]) S. unter 10, S. 55 und die Anmerkung S. 68.

mit Strom versorgen. In Fig. 62 ist das Schaltungsschema dieser Anlage mit Einfach-Zellenschalter unter Einfügung aller für den praktischen Betrieb erforderlichen Meſs- und Schaltapparate angegeben. Wie in Fig. 61, so stellt auch hier $M$ eine Nebenschluſsmaschine mit den Nebenschluſswindungen $Nb$ und ihrem Nebenschluſsregulator $R$, $B$ von $A+$ bis $A-$ die Batterie, $Z$ den Zellenschalter, $N$ das Leitungsnetz und $U_1$ den Ladeumschalter dar. Im Maschinenstromkreise liegen zunächst die Bleisicherungen $s_1$ und $s_2$, die, wie alle Sicherungen so bemessen sind, daſs sie beim doppelten Betrage des Betriebsstromes durchschmelzen und so die Maschine vor Zerstörung durch Kurzschluſs bewahren. Ferner befindet sich noch in der positiven Maschinenleitung das Ampèremeter $A_1$ und in der negativen zunächst der automatische Schwachstromschalter $SA$ zum Schutze der Maschine vor Rückstrom aus der Batterie, sowie der Ladeumschalter $U_1$, der für Umschaltung mit Stromunterbrechung, also derartig gebaut sein muſs, daſs der Schalthebel keine kurze Verbindung der Kontakte $A$ und $L$, (das wäre sonst ein Kurzschluſs der augenblicklich zwischen $A-$ und dem Zellenschalterhebel $Z$ liegenden Elemente) herstellen kann. Nach Fig. 62 würde zwar nur Zelle 1 dem Kurzschluſs unterworfen sein, indem ihr Strom über Kontakt 2 des Zellenschalters, den Hebel $Z$, Ausschalter $a_1$, Leitung $c$ bis $L$ und dann über den Hebel des Ladeumschalters $U_1$ und den Kontakt $A$ zum Elemente zurückflieſsen würde, doch können auch, — je nach der Stellung des Zellenschalters — mehrere, ja alle Schaltzellen an diesem Kurzschlusse beteiligt sein, dessen Stromstärke dann eine enorme Höhe erreicht, mit Leichtigkeit die Schaltapparate zerstört und den Elementen selbst schadet. Als Ladeumschalter eignen sich etwa die in Fig. 23—25 auf Seite 30 und 31 dargestellten Apparate. Es lieſsen sich auch zwei einfache Ausschalter nach der in Fig. 28 gezeigten Verbindungsart verwenden, doch ist dies nicht ratsam, weil damit die Möglichkeit für das Zustandekommen eines Kurzschlusses nicht verringert, sondern gerade vermehrt wird.

Im Batteriestromkreise liegt zunächst das Ampèremeter $A_2$, ferner der Stromrichtungszeiger $Str.$, die Batteriesiche-

## 15. Erläuterungen.

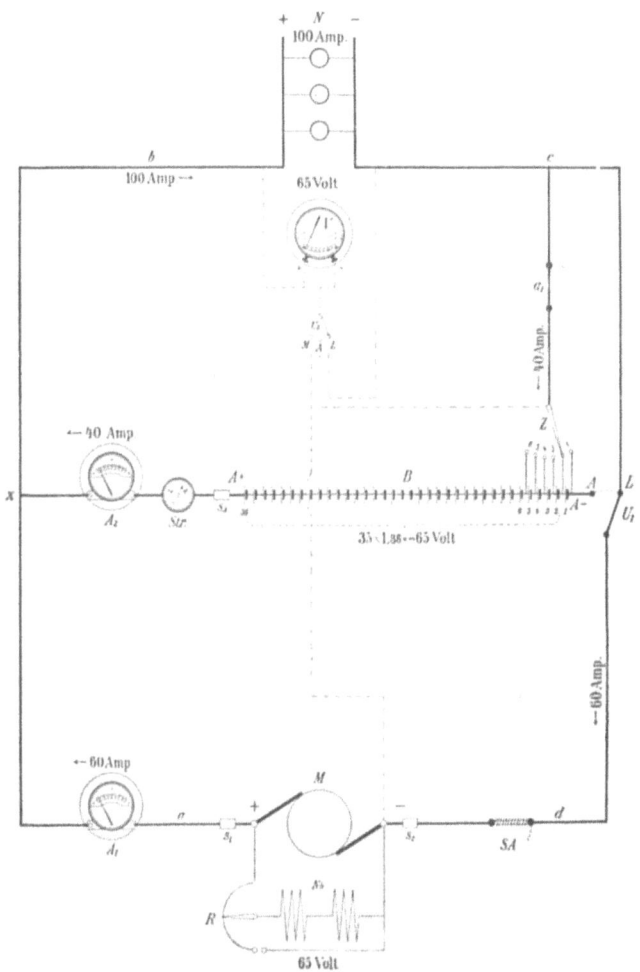

Fig. 62.

**Schema I g.**

**Mit Doppelspannungsmaschine, Einfach-Zellenschalter und grofser Batterie.**

Parallelbetrieb ist zulässig.
Während der Ladung dürfen keine Lampen brennen.

**76**   3. Abschnitt. Schaltung I, Schema Ig.

rung $s_3$ und zuletzt der Zellenschalter $Z$, dessen Hebel mit der Lichtleitung durch den Ausschalter $a_1$[1]) in Verbindung steht. Das Voltmeter $V$ liegt mit der einen Klemme (+) fest an der positiven Lichtleitung und kann durch den Voltmeterumschalter $U_2$ den drei Bezeichnungen $M$ (Maschine), $A$ (Akkumulator) und $L$ (Leitung) entsprechend[2]) in den Maschinen- oder Batteriestromkreis, oder zwischen die Lichtleitung geschaltet werden.

Die mit dem Kontaktstück $A$ des Umschalters $U_2$ verbundene Voltmeterleitung ist direkt an den zur Ladung benutzten Zellenschalterhebel, nicht aber — wie mitunter üblich — an das Ende $A$ — der Batterie zu legen, denn um einen plötzlich z. B. durch Abschalten des Minimum-Automaten unterbrochenen Ladebetrieb wieder herzustellen, wird man, ehe die Maschine wieder zugeschaltet werden kann, nicht die Spannung der ganzen Batterie, sondern nur diejenige der durch den Ladehebel augenblicklich eingeschalteten Elementenzahl zu messen haben, was nicht möglich ist, sobald das Voltmeter an das Ende der Batterie angeschlossen wurde. Die Maschinenvoltmeterleitung ist selbstverständlich vor dem Minimum-Automaten abzuzweigen, weil sonst die Maschinenspannung nicht eher gemessen werden kann, als bis dieser eingeschaltet ist.

Wenn die Maschine auch in der positiven Leitung noch einen Ausschalter erhält, um so doppelpolig — einerseits durch diesen Ausschalter und anderseits durch den Minimum-Automaten — abgeschaltet werden zu können, mufs ein doppelpoliger Voltmeterumschalter Verwendung finden. Doppelpolige Voltmeterumschalter seien indessen im folgenden, um die Deutlichkeit der Schaltungsschemen nicht zu beeinträchtigen, nur dann eingezeichnet, wenn ihre Verwendung durch die Art des Betriebes thatsächlich erfordert wird.

In kleinen Betrieben, namentlich aber in älteren Anlagen

---

[1]) Da in Einfach-Zellenschalteranlagen mit Doppelspannungsmaschinen während der Ladung kein Lichtstrom gegeben werden darf, ist häufig in Schaltungsschemen zwischen Punkt $c$ und dem Lichtnetz $N$ noch ein einpoliger Hauptausschalter eingefügt, der andeuten soll, dass durch ihn das gesamte Lichtnetz abgeschaltet werden kann. Da jedoch ein derartiger Hauptausschalter in vielen Anlagen gar nicht vorhanden ist, indem die Abtrennung des Lichtnetzes durch mehrere grofse Gruppenschalter, oder in anderen Betrieben wieder durch unbestimmt viele Einzelausschalter (später Leitungsschalter genannt) bewirkt wird, seien derartige Schalter, die eigentlich gar nicht zum Schaltungsschema gehören, in den hier erklärten Betrieben überhaupt nicht berücksichtigt. Es mufs dann in Fällen, in denen kein Licht brennen darf, ein einfacher Hinweis darauf genügen, dafs alle Leitungsschalter zu öffnen sind. Über Leitungsschalter vgl. auch Anmerkung [1]) Seite 78.

[2]) Die Bezeichnungen $A$, $L$ und $M$ für die Kontakte des Voltmeterumschalters, ebenso wie die Bezeichnungen $A$ und $L$ für die Kontaktflächen des Ladeumschalters $U_1$ etc. sollen hier stets beibehalten werden, wenn sie auch in der Praxis von den verschiedenen Firmen verschieden gewählt — fast bei jeder Schalttafel andere sind.

## 15. Erläuterungen.

findet man statt zweier Ampèremeter (Maschinen- und Batterieampèremeter) nur eines derselben und einen Ampèremeter-Umschalter. Der in Fig. 26 veranschaulichte Apparat eignet sich, wie jeder Umschalter ohne Unterbrechung, zu diesem Zwecke. In Fig. 63 ist diese Anordnung schematisch dargestellt und ihrer Art nach ohne weiteres verständlich. Sobald der Schalthebel des Umschalters $U$ auf $A$ (Akkumulator) steht, wird das Ampèremeter $A_1$ vom Batteriestrome, wenn der Hebel dagegen auf $M$ (Maschine) steht, vom Maschinenstrome durchflossen. Neuerdings findet man derartige Umschalter nur selten, weil jetzt das zweite Instrument auch nicht viel mehr kostet, als der Umschalter, besonders aber, weil durch die Verwendung nur eines Ampèremeters die übersichtliche Bedienung der Schalttafel ganz wesentlich beeinträchtigt wird.

In Fig. 62 sind nun, um nach Möglichkeit einen Anhalt für die Praxis zu geben, zugleich die Spannungs- und Stromverhältnisse, wie auch die Schalterstellungen für den Parallelbetrieb einer Einfachzellenschalter-Anlage von 65 Volt Lichtspannung eingezeichnet,

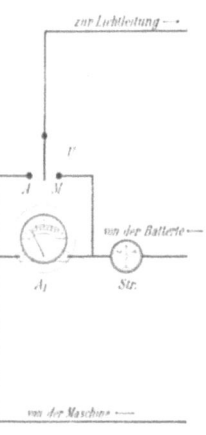

Fig. 63.

und zwar so, dafs der augenblickliche Strombedarf von 100 Ampère durch 60 Amp.[1]) Maschinen- und 40 Amp. Batteriestrom gedeckt wird. Den eingezeichneten Spannungsverhältnissen zufolge befindet sich die Batterie in schon fast entladenem[2]) Zustande, so dafs die Stromlieferung bald (wenn die Lichtspannung trotz Zuschaltens der Zelle 1 wieder auf 65 Volt gesunken ist) unterbrochen werden mufs. Der Maschinenstrom von 60 Amp. fliefst von der positiven Maschinenklemme $M+$ aus über die Leitung $a$ und das Maschinenampèremeter $A_1$, dann Punkt $x$ und die

---

[1]) Amp. ist die allgemein gebräuchliche Abkürzung für Ampère.
[2]) Die Batterie ist als entladen zu betrachten, wenn die Spannung pro Element auf 1,8 Volt, also die der ganzen Batterie auf 65 Volt, gefallen ist (vgl. auch S. 4).

Leitung $b$ nach dem Lichtnetze $N$, um von da aus über $c$, den Umschalter $U_1$, die Leitung $d$ und den Minimum-Automaten $SA$ zur Maschine zurückzukehren. Da aber im Lichtnetze 100 Amp. gebraucht werden, giebt die Batterie die noch fehlenden 40 Amp., die, nachdem sie von $A+$ kommend, die Bleisicherung $s_3$, den Stromrichtungszeiger $Str.$ und das Batterieampèremeter $A_2$ passiert haben, von $x$ aus mit dem Maschinenstrome gemeinschaftlich über $b$ und das Lichtnetz $N$ nach Punkt $c$ fließen, um von da aus wieder gesondert über den Hebel $Z$ des Zellenschalters zur Batterie zurückzukehren.

## 16. Betriebsvorschriften.
(Fig. 62.)

### I. Maschinenbetrieb.

#### 1. Allgemeines.

Die Maschine $M$ läuft unter Normalspannung, alle für den augenblicklichen Lichtbetrieb erforderlichen Leitungsschalter[1]) und der Min.-Automat[2]) $SA$ sind geschlossen, $a_1$ ist geöffnet, $U_1$ und $U_2$ stehen auf $L$ (Leitung), die Betriebsstromstärke wird bei $A_1$ und die Lichtspannung bei $V$ abgelesen.

#### 2. und 3. Beginn und Beendigung des Maschinenbetriebes.

Die Betriebsübergänge des reinen Maschinenbetriebes (also desjenigen, bei dem die Maschine allein die Stromlieferung übernimmt und die Batterie ganz abgeschaltet ist) sind für Einfachzellenschalter-Anlagen mit großer Batterie weniger wichtig und vorteilhaft, weil sie, wie weiter unten des öfteren betont, ohne selbst Vorteile zu bieten, die Gleichmäßigkeit des Lichtes, wie auch die Betriebssicherheit der betreffenden Anlage vermindern. Aus diesem Grunde sind sie auch hier nicht gesondert und an erster Stelle behandelt, sondern weiter unten bei Besprechung des Lade-, Parallel- und Batteriebetriebes näher erläutert und nachstehend in zwei Reihen angeführt, zugleich mit Angabe der-

---

[1]) Unter Leitungsschaltern sollen stets diejenigen Hauptschalter, durch die das Leitungsnetz von der Schalttafel abgetrennt werden kann, oder, wenn solche nicht vorhanden sind, alle im Leitungsnetze selbst liegenden Einzelschalter verstanden werden. Vgl. auch Anmerkung [1]) Seite 76.

[2]) Min.-Automat ist eine oft gebrauchte Abkürzung für Minimum-Automat, desgl. Max.-Automat die Abkürzung für Maximum-Automat.

jenigen Seitenzahlen, wo die Besprechung des betreffenden Betriebes zu finden ist.

**Beginn des Maschinenbetriebes.**
a) Übergang vom Batterie- zum Maschinenbetriebe . . . . . 86
b) Übergang vom Parallel- zum Maschinenbetriebe . . . . . 84
c) Übergang vom Lade- zum Maschinenbetriebe . . . . . . 82

**Beendigung des Maschinenbetriebes.**
a) Übergang vom Maschinen- zum Ladetriebe . . . . . . . . 80
b) Übergang vom Maschinen- zum Parallelbetriebe . . . . . . . 83
c) Übergang vom Maschinen- zum Batteriebetriebe . . . . . . 86

## II. Ladebetrieb.

### 1. Allgemeines.

Die Dynamomaschine ist unter Ladespannung in Betrieb, ihr Min.-Automat $SA$ und der Schalter $a_1$ sind geschlossen, alle Leitungsschalter dagegen geöffnet. Der Ladeumschalter $U_1$ steht auf $L$ (Leitung), der Voltmeterumschalter $U_2$ auf $A$ (Akkumulator), der Stromrichtungszeiger $Str.$ auf $L$ (Ladung) und der Zellenschalterhebel $Z$ auf dem durch den augenblicklichen Grad der Ladung bestimmten Zellenkontakte. Bei $A_1$ und $A_2$ ist die Stärke des Ladestromes und bei $V$ dessen Spannung abzulesen.

### 2. Beginn des Ladebetriebes.

*a) Übergang vom Batterie- zum Ladebetriebe.*

Dieser Betriebsübergang zur Ladung ist, wie für die meisten Betriebe, so auch für Einfachzellenschalter-Anlagen von Wichtigkeit, da er, sich den normalen Verhältnissen anpassend, täglich Verwendung findet. Denn da das Lichtnetz bis zu Beginn der Ladung durch die Batterie mit Strom versorgt wird, geht man auch am natürlichsten aus diesem Betriebe direkt zur Ladung über.

Zu diesem Zwecke sind alle Leitungsschalter zu öffnen, der Ladeumschalter $U_1$ bleibt stehen auf $L$ und der Ausschalter $a_1$ geschlossen. Durch vollständiges Einschalten der Batterie (also Stellung des Hebels $Z$ auf Zelle *1*) und durch Stellung des Voltmeterumschalters $U_2$ auf $A$ (Akkumulator) ist die Akkumulatorenspannung am Voltmeter $V$ abzulesen, dann die Dynamomaschine durch Regulieren des Nebenschlufswiderstandes $R$ zu erregen, um, sobald sie eine etwas (ca. 5—10 Volt) höhere Spannung erreicht hat, als sich bei der vorher ausgeführten Messung ergab, den Ladestromkreis durch Einrücken des Min.-Automaten $SA$ zu schliefsen. Schaltet letzterer wieder selbstthätig ab, so war die Maschinenspannung zu niedrig, weshalb man am Nebenschlufsregulator $R$ einen oder auch mehrere Kontakte zurückgeht (wodurch die Maschinenspannung[1]) steigt) und wieder einschaltet und dies fortsetzt, bis $SA$ von selbst eingeschaltet bleibt und der Stromrichtungszeiger $Str$. auf $L$ (Ladung) zeigt.

Unter keinen Umständen darf der automatische Schalter $SA$ festgebunden oder -geklemmt werden, weil er so die Maschine nicht vor Batteriestrom schützen kann. Die Stärke des Ladestromes, die sowohl an $A_1$ als auch an $A_2$ abgelesen werden kann, ist nun durch allmähliches Ausschalten des Widerstandes $R$ (also durch Vergröfsern der Maschinenspannung) auf die vorschriftsmäfsige Stärke zu bringen.

Je nachdem sich nun die Schaltzellen an der vorhergegangenen Entladung mehr oder weniger beteiligt haben, ist ihre Ladung auch später oder früher beendet. Sobald die erste Zelle vollständig geladen[2]) ist, wird sie abgeschaltet und bald auch die zweite und dritte Zelle u. s. w., stets ist aber durch Regulieren bei $R$ dafür zu sorgen, dafs die Ladestromstärke ihre maximale Grenze nicht übersteigt.

*b) Übergang vom Maschinen- zum Ladebetriebe.*

Wenn nach Beendigung des nächtlichen Batteriebetriebes die Dynamomaschine am Morgen erst wieder einige Stunden zur Lichtlieferung in Betrieb gesetzt werden mufs, ehe sie die Speisung der Akkumulatoren übernehmen kann, wird man, sobald der Lichtbetrieb beendet ist, aus diesem, also dem Maschinenbetriebe, direkt zur Ladung überzugehen haben.

---

[1]) Um die Maschinenspannung zu messen, mufs natürlich $U_2$ nach der Akkumulatorenmessung auf $M$ (Maschine) gestellt werden. Im praktischen Betriebe wird der Maschinist, um Zeit zu sparen, sofort nach der Akkumulatorenmessung den Voltmeterumschalter auf $M$ (Maschine) drehen und dann erst die Dynamo erregen. Ebenso merkt er sehr bald, auf welchem Kontakte der Nebenschlufsregulator ungefähr stehen mufs, um die Batterie zuschalten zu können. Die Spannungsmessung des Akkumulators dient dann mehr zur Kontrolle, und ein Ausfallen des Automaten kommt höchst selten vor.

[2]) Angaben über die Beendigung der Ladung, ebenso wie über die höchst zulässige Lade- und Entladestromstärke, sind in allen Betrieben vorhanden, da sie jeder Akkumulatorenbatterie vom Lieferanten beigegeben werden.

### 16. Betriebsvorschriften, II. Ladebetrieb.

Wird bis zu Beginn der Ladung nur wenig Lichtstrom gebraucht, so gestaltet sich der Betriebsübergang sehr einfach, indem man zunächst durch Öffnen aller Leitungsschalter ein selbstthätiges Abschalten der Maschine durch den Min.-Automaten $SA$ bewirkt, dann $a_1$ schliefst und nun genau so schaltet, wie unter II 2 a auf S. 79 beim Übergange vom Batterie- zum Ladebetriebe angegeben wurde.

Wenn dagegen bis direkt zu Beginn der Ladung ein mehr oder weniger starker Lichtstrom benötigt wird, kann man die dann durch Öffnen der Leitungsschalter entstehenden Belastungsschwankungen der Maschine und damit auch das Ausfallen des Min.-Automaten $SA$ umgehen, indem man schaltet wie folgt: Es ist, noch vor dem Öffnen der Leitungsschalter Parallelbetrieb einzuleiten, indem unter Stellung des Voltmeterumschalters $U_2$ auf $A$ (Akkumulator) der Zellenschalterhebel $Z$ auf den der Lichtspannung entsprechenden Kontakt gedreht und der Schalter $a_1$ geschlossen wird. Hierauf erst sind — unter gleichzeitiger Einleitung des Ladebetriebes durch Steigern der Maschinenspannung — die Leitungsschalter zu öffnen. Durch allmähliches Erhöhen der Maschinenspannung wird nun, bei gleichzeitigem Einschalten aller Zellen in den Ladestromkreis, die vorschriftsmäfsige Höhe des Ladestromes hergestellt. Bei $V$ ist die Spannung, bei $A_1$ und $A_2$ die Stärke und bei $Str.$ die Richtung des Ladestromes zu erkennen.

Es kann vorkommen, dafs nach Parallelschaltung der Batterie, also nach Schliefsung des Schalters $a_1$, der Automat zufolge der geringen Stromstärke ausfällt und die Maschine abschaltet, so dafs dadurch reiner Batteriebetrieb entsteht. In diesem Falle ist dann entweder wie beim Übergange vom Batterie- zum Ladebetriebe (s. Seite 79) zu schalten, oder es ist auch, allerdings nur unter Beachtung einer gewissen Vorsicht, zulässig, den Automaten nach Öffnung der letzten Leitungsschalter zu halten, bis die Ladung eingeleitet und deren Strom soweit gewachsen ist, dafs er ein selbstthätiges Abschalten der Maschine durch den Automaten verhindert.

### 3. Beendigung des Ladebetriebes.
#### a) Übergang vom Lade- zum Batteriebetriebe.

Wenn nach Beendigung der Ladung kein, oder nur wenig Lichtbedürfnis vorhanden ist, wird man am besten die Maschine stillsetzen und zum reinen Batteriebetriebe übergehen.

Kistner, Schaltungsarten.

Durch Vergröfsern des Nebenschlufswiderstandes der Maschine (Regulieren bei $R$) ist die Ladestromstärke zu vermindern, bis der Stromkreis durch den selbstthätig abschaltenden Min.-Automaten gänzlich unterbrochen wird. Hierauf ist, unter Stellung des Voltmeterumschalters $U_2$ auf $A$ (Akkumulator) mit dem Zellenschalter $Z$ die Normalspannung (abgelesen bei $V$), herzustellen und dann erst durch Schliefsen des Ausschalters $a_1$ und der erforderlichen Leitungsschalter zum reinen Batteriebetriebe überzugehen. Der Voltmeterumschalter $U_2$ hat nun wieder auf $L$ (Leitung) zu stehen, bei $V$ ist die Spannung, bei $A_2$ die Stärke und bei $Str.$ die Richtung des Batteriestromes (Entladung) zu erkennen.

*b) Übergang vom Lade- zum Parallelbetriebe.*

Wenn bis zu Beginn des abendlichen Lichtbetriebes kein Strom gebraucht und infolgedessen die Batterie geladen wird, dann aber das Lichtbedürfnis sofort mit voller Stärke einsetzt, so dafs auch gleich die Batterie zur Unterstützung der Maschine herangezogen werden mufs, wird man sich genötigt sehen, direkt vom Lade- zum Parallelbetriebe überzugehen. Da dieser Betriebsübergang besser als Einleitung des Parallelbetriebes vom Ladebetriebe aus betrachtet werden kann, ist er auch unter III 2 b auf Seite 84 erläutert, weshalb auf diese Stelle verwiesen sei.

*c) Übergang vom Lade- zum Maschinenbetriebe.*

Wenn der nach Beendigung des Ladebetriebes beginnende Lichtverbrauch nicht die Leistungsfähigkeit der Maschine übersteigt, kann, sofern auf eine Regulierwirkung und eventuelle Momentreserve der Batterie verzichtet wird, die letztere abgeschaltet und dadurch direkt vom Lade- zum reinen Maschinenbetriebe übergegangen werden. Vorteilhafter ist es indessen, Batterie und Maschine parallel zu schalten, aber so einzuregulieren, dafs die Maschine den erforderlichen Lichtstrom allein liefert und die Batterie nur zum Ausgleiche kleiner Spannungsschwankungen und eventuell als Momentreserve dient.

Um vom Lade- zum Maschinenbetriebe überzugehen, läfst man, unter Stellung des Voltmeterumschalters $U_2$ auf $L$ (Leitung), die Maschinenspannung und mithin auch die Ladestromstärke sinken, um, sobald die Lichtspannung nahezu erreicht ist, die erforderlichen Leitungsschalter zu schliefsen und den Schalter $a_1$ zu öffnen. Die Spannung des Lichtstromes ist bei $V$ und die Stärke desselben bei $A_2$ abzulesen.

### 16. Betriebsvorschriften, III. Parallelbetrieb.

Bei diesem Betriebsübergange kommt es jedoch auch sehr leicht vor, dafs der Min.-Automat, noch ehe man die Leitungsschalter geschlossen hat, wegen der allzu gering gewordenen Ladestromstärke die Maschine abschaltet. Deshalb ist es statthaft, den Automaten bis zu einem genügenden Anwachsen des Lichtstromes am Abschalten der Maschine durch vorsichtiges Halten zu verhindern. In diesem Falle ist dann vorzuziehen, den Ausschalter $a_1$ noch vor dem Schliefsen der Leitungsschalter zu öffnen. Man kann indessen auch mit einiger Übung die Maschinenspannung so regulieren, dafs die Batterie über den bereits für die Lichtspannung eingestellten Zellenschalterhebel einen schwachen Ladestrom erhält, der ein Abschalten des Automaten verhindert und sofort nach Schliefsen der Leitungsschalter durch die entstehende Maschinenbelastung, die eine Spannungsverminderung bewirkt, wieder ausgeglichen wird.

### III. Parallelbetrieb.

#### 1. Allgemeines.

Die für den augenblicklichen Lichtbetrieb erforderlichen Leitungsschalter, sowie $SA$ und $a_1$ sind geschlossen, $U_1$ und $U_2$ stehen auf $L$ (Leitung), $Str.$ zeigt auf $E$ (Entladung), die Batteriestromstärke wird bei $A_2$, die der Maschine bei $A_1$ und die Lichtspannung bei $V$ abgelesen.

#### 2. Beginn des Parallelbetriebes.

*a) Übergang vom Maschinen- zum Parallelbetriebe.*

Sobald in einem, momentan nur durch die Maschine gespeisten Lichtnetze der Stromverbrauch die Leistungsfähigkeit der Maschine zu übersteigen beginnt, oder zu grofse Lichtschwankungen auftreten, mufs durch Zuschaltung der Batterie zum Parallelbetriebe übergegangen werden.

Da in diesem Falle die Maschine schon läuft, braucht man nur unter Stellung des Voltmeterumschalters $U_2$ auf $A$ (Akkumulator) mit Hilfe von $Z$ die Betriebsspannung herzustellen, dann $a_1$ zu schliefsen und unter nunmehriger Stellung des Voltmeterumschalters $U_2$ auf $L$ (Leitung) bei Einhaltung der Normalspannung die von Maschine und Batterie gelieferten Strommengen so abzugleichen, dafs die Batterie die Maschine entsprechend unterstützt. Die Lichtspannung ist bei $V$, die Stromstärke der Maschine bei $A_1$, die der Batterie bei $A_2$ und die Richtung des Batteriestromes bei $Str.$ zu erkennen.

## *b) Übergang vom Lade- zum Parallelbetriebe.*

Mitunter wird, wenn man bis zu Beginn des gleich mit voller Stärke einsetzenden Lichtbetriebes ladet, erforderlich sein, direkt vom Lade- zum Parallelbetriebe überzugehen.

Bei Stellung des Voltmeterumschalters $U_2$ auf $L$ (Leitung) sind, unter Verminderung des Ladestromes, Maschine und Batterie (erstere mit dem Nebenschlufsregulator $R$, letztere mit Hilfe des Zellenschalters $Z$) auf die normale Netzspannung zu regulieren, dann die erforderlichen Leitungsschalter zu schliefsen und unter Regulieren bei $Z$ und $R$ die von Maschine und Batterie gelieferten Strommengen nach Bedürfnis abzugleichen.

Auch bei diesem Betriebsübergange wird man sich oft veranlafst sehen, den Min.-Automaten momentan zu halten, weil gewöhnlich der mehr und mehr sinkende Ladestrom kurz vor dem Schliefsen der Leitungsschalter zu schwach wird, um ein Abschalten der Maschine zu verhindern. Mit einiger Übung kann man jedoch auch hier das Verhältnis von Maschinen- und Batteriespannung während der Verminderung des Ladestromes so einstellen, dafs die Maschine, mit einiger Überspannung laufend, einen verhältnismäfsig schwachen Ladestrom erzeugt, der wohl genügt, den Automaten an der Abschaltung der Maschine zu verhindern, sofort nach Schliefsen der Leitungsschalter aber durch die entsprechende Belastung wieder ausgeglichen wird.

## 3. Beendigung des Parallelbetriebes.

*a) Übergang vom Parallel- zum Maschinenbetriebe.*

Um vom Parallel- zum Maschinenbetriebe überzugehen, ist nur erforderlich, unter Konstanthaltung der Maschinenspannung bei Stellung des Voltmeterumschalters $U_2$ auf $L$ (Leitung) den Schalter $a_1$ zu öffnen, wodurch die Maschine allein die Stromlieferung übernimmt. Die Stärke der Maschinenbelastung ist bei $A_1$ und die Lichtspannung bei $V$ zu erkennen.

Auch dieser Betriebsübergang gehört zu denjenigen, die seltener Verwendung finden, weil durch Öffnen des Schalters $a_1$ sowohl die Gleichmäfsigkeit des Betriebes, als auch die Betriebssicherheit der betreffenden Anlage vermindert wird.

*b) Übergang vom Parallel- zum Batteriebetriebe.*

Nach Beendigung des Hauptlichtbetriebes kann die Maschine aufser Betrieb gesetzt und der Batterie die weitere Speisung des Lichtnetzes überlassen werden.

### 16. Betriebsvorschriften, IV. Batteriebetrieb.

Zum Batteriebetriebe darf nicht eher übergegangen werden, als bis der Lichtstrom auf die maximale Entladestromstärke[1]) der Batterie gesunken ist.

Bei Stellung des Voltmeterumschalters $U_2$ auf $L$ (Leitung) läfst man, unter gleichzeitiger Konstanthaltung der Lichtspannung durch den Zellenschalter $Z$, die Maschinenspannung sinken (durch Regulieren bei $R$), bis der Automat $SA$ den Stromkreis unterbricht. Der Stromrichtungszeiger $Str.$ mufs dann auf $E$ (Entladung) zeigen, wobei die Spannung des Lichtstromes bei $V$ und dessen Stärke bei $A_2$ abzulesen ist.

## IV. Batteriebetrieb.

### 1. Allgemeines.

Die für den augenblicklichen Lichtbetrieb erforderlichen Leitungsschalter, sowie $a_1$ sind geschlossen, der Stromrichtungszeiger $Str.$ steht auf $E$ (Entladung) und $U_2$ auf $L$ (Leitung), die Entladestromstärke ist bei $A_2$ und die Lichtspannung, die mit dem Zellenschalter konstant gehalten wird, bei $V$ abzulesen.

### 2. Beginn des Batteriebetriebes.

*a) Übergang vom Parallel- zum Batteriebetriebe.*

Der Übergang vom Parallel- zum Batteriebetriebe, der bei Beendigung des Hauptlichtbetriebes in Frage kommt, indem man, wenn der Lichtverbrauch bis auf die maximale Entladestromstärke der Batterie gesunken ist, die Maschine einfach abschaltet, ist schon unter III 3 b auf Seite 84 erläutert worden, weshalb auf diese Stelle verwiesen sei.

*b) Übergang vom Lade- zum Batteriebetriebe.*

Auch dieser Betriebsübergang fand schon Erläuterung und zwar unter II 3 a auf Seite 81.

---

[1]) Im normalen Betriebe wird man, da die Batterien den maximalen Entladestrom gewöhnlich nur wenige Stunden in voller Stärke zu liefern vermögen, die Maschine nicht so bald abschalten, sondern wird warten, bis der Lichtstrom mehr oder weniger weit unter diese Maximalgrenze des Entladestromes der Batterie gesunken ist, damit letztere auch in späteren Stunden noch in der Lage sei, das Lichtnetz mit Strom zu versorgen.

*c) Übergang vom Maschinen- zum Batteriebetriebe.*

Der Vollständigkeit wegen sei auch dieser ganz von selbst verständliche Betriebsübergang mit einigen Worten erläutert.

Um vom Maschinen- zum Batteriebetriebe überzugehen, hat man unter Stellung des Voltmeterumschalters $U_2$ auf $A$ (Akkumulator) mit dem Zellenschalterhebel $Z$ die Lichtspannung herzustellen, dann $a_1$ zu schliefsen, $U_2$ wieder auf $L$ (Leitung) zu drehen und unter Konstanthaltung der Lichtspannung (durch den Zellenschalter $Z$) die Maschine zu entlasten, bis der Automat den Stromkreis unterbricht und dadurch die Batterie allein die Stromlieferung übernimmt.

### 3. Beendigung des Batteriebetriebes.

*a) Übergang vom Batterie- zum Maschinenbetriebe.*

Dieser Betriebsübergang wird wohl nur selten allein ausgeführt, da, wie schon des öfteren betont, an der völligen Abschaltung der Batterie nur wenig gelegen sein kann, einmal, weil die Gleichmäfsigkeit des Lichtes beeinflufst wird, dann aber auch, weil bei plötzlichem Maschinendefekte keine Momentreserve mehr vorhanden ist.

Unter Stellung des Voltmeterumschalters $U_2$ auf $M$ (Maschine) wird man die Dynamo durch Einschalten von $R$ erregen, um, wenn ihre Klemmenspannung bis auf die Höhe der normalen Lichtspannung gestiegen ist, das Lichtnetz durch Einschalten des Min.-Automaten mit der Maschine zu verbinden und durch Öffnen des Schalters $a_1$ von der Batterie zu lösen. Unter Schliefsen der weiter erforderlichen Leitungsschalter und Stellung des Voltmeterumschalters $U_2$ auf $L$ (Leitung) ist die Stärke des Lichtstromes bei $A_1$ und bei $V$ dessen Spannung abzulesen.

*b) Übergang vom Batterie- zum Ladebetriebe.*

Dieser sehr wichtige Betriebsübergang, der täglich Verwendung findet, wurde bereits unter II 2 a auf Seite 79 beschrieben.

## 2. Schema I k.
### Für Doppelspannungsmaschine, Einfach-Zellenschalter und kleine Batterie.

Parallelbetrieb ist unzulässig.
Während der Ladung dürfen keine Lampen brennen.

## 17. Erläuterungen.

Dieser Betrieb findet sich in Fabriken und sonstigen Anlagen, die während des Tages kein Licht brauchen und den Batteriestrom auch nur nach Stillstand der Maschine zur Speisung einiger Bureau- und Treppenhauslampen, nicht aber zur Unterstützung der Maschine während der Hauptbetriebszeit benötigen. Deshalb braucht die Batterie nicht grofs zu sein; sie wird am Tage geladen und erst bei Stillsetzung der Maschine zur Lichtlieferung eingeschaltet.

Wie aus Fig. 64 ersichtlich, unterscheidet sich diese Anordnung von dem Schema der Fig. 62 dadurch, dafs der Hebel des Ladeumschalters $U_1$[1]) nicht zur Maschine, sondern zur Lichtleitung führt, dafs ferner der automatische Minimumschalter $SA$ in einer besonderen Ladeleitung $d....Z$[2]) liegt und dafs in dem Akkumulatorenstromkreise noch ein automatischer Starkstromschalter $SA_{max.}$ eingefügt ist, der die verhältnismäfsig kleine Batterie vor Überanstrengung schützt, indem er sie selbstthätig abschaltet, sobald der Lade- oder Entladestrom eine unzulässige Höhe erreicht.

Statt eine Anlage, die mit kleiner Batterie arbeitet ($k =$ Betrieb; vgl. auch unter **10**, Seite 55, und unter **13**, Seite 68), sowohl mit einem Stark- als auch Schwachstromschalter auszurüsten, verwenden manche Firmen nur einen automatischen und zwar Starkstromschalter, den sie an Stelle des Min.-Automaten legen. Wenn auch auf diese Weise ein korrekter Ladebetrieb durchführbar ist, weil der bei unrichtigen Spannungsverhältnissen entstehende Rückstrom lange schon, ehe er der grofsen Maschine schädlich werden kann, durch den Starkstromschalter unterbrochen wird, so ist doch die Batterie nicht auch gegen zu

---

[1]) Allgemein kann man sich merken: Der Hebel des Ladeumschalters ist, wenn Parallelbetrieb stattfinden soll, direkt an die Maschine, im andern Falle direkt an die Lichtleitung anzuschliefsen.

[2]) Dafs der Zellenschalter jetzt nicht wieder auf der oberen, sondern unteren Seite der Batterie angegeben wurde, ist natürlich ohne Belang.

88    3. Abschnitt. Schaltung I, Schema Ik.

starken Entladestrom bei Stillstand der Maschine geschützt. Dieser Nachteil kann, trotz Verwendung auch nur eines Automaten, umgangen werden, wenn man an Stelle des Min.-Automaten einen gewöhnlichen Ausschalter und den Starkstromautomaten in die Entladeleitung, also zwischen $A+$ und Punkt $x$ legt. Das Öffnen und Schliefsen des dann in der Ladeleitung liegenden Ausschalters hat aber stets mit Vorsicht zu geschehen, indem sowohl beim Zu- als auch beim Abschalten der Batterie die Maschinenspannung stets noch etwas höher sein mufs, als die der Batterie, damit die Möglichkeit eines Rückstromes vermieden werde.

Der Apparat $U_1$ soll für Umschaltung mit Unterbrechung gebaut sein, weil sonst die Maschine während gleichzeitiger Berührung beider Kontaktflächen $A$ und $M$ durch den Schalthebel $U_1$ Rückstrom aus der Batterie erhalten könnte.

## 18. Betriebsvorschriften.
(Fig. 64).

### I. Maschinenbetrieb.

#### 1. Allgemeines.

Die Maschine läuft unter Normalspannung, $U_1$ steht auf $M$ (Maschine), $U_2$ auf $L$ (Leitung), $SA$ ist geöffnet, $SA_{max}$[1]) dagegen, sowie die zum Lichtbetriebe erforderlichen Leitungsschalter sind geschlossen. Die Lichtspannung ist bei $V$ und die Betriebsstromstärke bei $A_1$ abzulesen.

#### 2. und 3. Beginn und Beendigung des Maschinenbetriebes.

Diese Betriebsübergänge des reinen Maschinenbetriebes sind für Anlagen mit kleiner Batterie von viel gröfserer Wichtigkeit, als für solche mit grofser Batterie, weil sie bei letzteren nur unvorteilhaft, bei ersteren dagegen unter ganz normalen und günstigen Verhältnissen Verwendung finden, denn durch das Ausfallen des Parallelbetriebes in Anlagen mit kleiner Batterie ist daselbst eine öftere Herstellung des reinen Maschinenbetriebes und der durch diesen bedingten Betriebsübergänge geboten. Diese sind weiter unten bei Besprechung des Lade- und Batterie-

---

[1]) Der Starkstromautomat $SA_{max}$ wird in den Betriebsvorschriften nur beiläufig erwähnt, da er den hier angenommenen Einzeichnungen entsprechend, überhaupt nicht betriebsmäfsig zu bedienen ist, sondern unter normalen Verhältnissen stets eingeschaltet bleibt.

18. Betriebsvorschriften, I. Maschinenbetrieb. 89

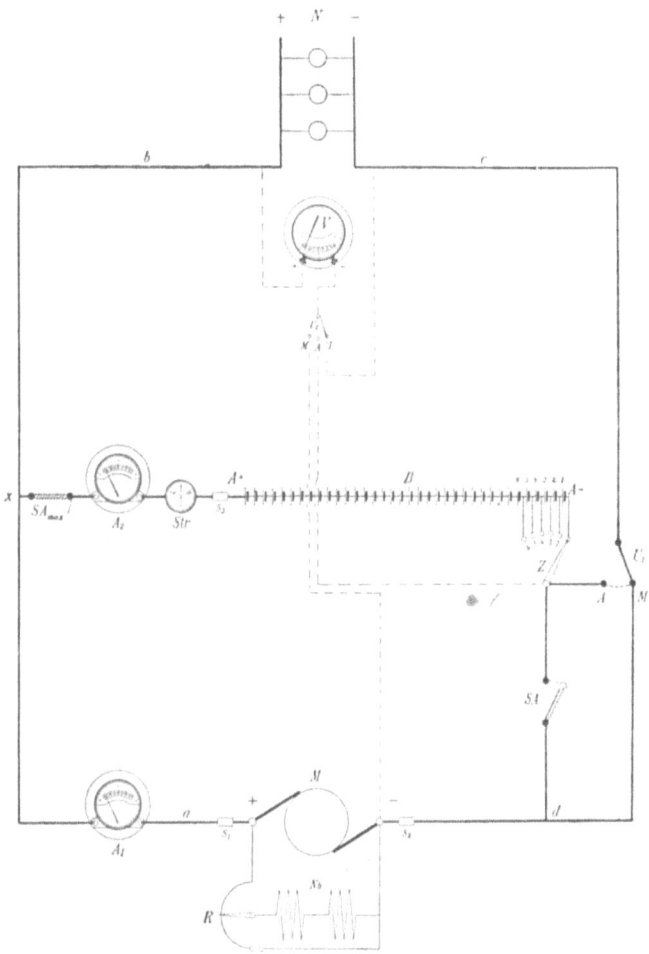

Fig. 64.

**Schema I k.**

**Mit Doppelspannungsmaschine, Einfach-Zellenschalter und kleiner Batterie.**

Parallelbetrieb ist unzulässig.
Während der Ladung dürfen keine Lampen brennen.

betriebes näher erläutert und nachstehend in zwei Reihen angeführt, zugleich mit Angabe derjenigen Seiten, auf denen die Besprechung des betreffenden Betriebes zu finden ist.

| **Beginn des Maschinenbetriebes.** | **Beendigung des Maschinenbetriebes.** |
|---|---|
| a) Übergang vom Batterie- zum Maschinenbetriebe . . . . . 92 | a) Übergang vom Maschinen- zum Ladebetriebe . . . . . . . . 90 |
| b) Übergang vom Lade- zum Maschinenbetriebe . . . . . . 91 | b) Übergang vom Maschinen- zum Batteriebetriebe . . . . . . 92 |

## II. Ladebetrieb.

### 1. Allgemeines.

Jeder Leitungsschalter ist geöffnet, oder $U_1$ auf das blinde Kontaktstück gestellt, die Maschine unter Ladespannung in Betrieb, $SA$ und $SA_{max}$ geschlossen, $Z$ auf den dem Grade der Ladung entsprechenden Zellenkontakt und $U_2$ auf $A$ (Akkumulator) gestellt. Während $Str.$ auf $L$ (Ladung) zeigt, ist die Spannung des Ladestromes bei $V$ und die Stärke desselben bei $A_1$ und $A_2$ zu erkennen.

### 2. Beginn des Ladebetriebes.

*a) Übergang vom Batterie- zum Ladebetriebe.*

*b) Übergang vom Maschinen- zum Ladebetriebe.*

Um zum Ladebetriebe überzugehen, gleichviel ob vom Batterie- oder Maschinenbetriebe aus, sind zunächst alle bis dahin geschlossen gewesenen Leitungsschalter zu öffnen oder es ist $U_1$ auf das blinde Kontaktstück zu stellen. Dann ist unter Drehung des Zellenschalters $Z$ auf Zelle *1*, bei gleichzeitiger Stellung des Voltmeterumschalters $U_2$ auf $A$ (Akkumulator) die Gesamtakkumulatorenspannung (abgelesen an $V$) zu messen, hierauf die Maschine bei nunmehriger Stellung des Umschalters $U_2$ auf $M$ (Maschine) bis auf die, um ca. 5—10 Volt höhere Ladespannung zu bringen und dann durch Schliefsen des Automaten zum Ladebetriebe überzugehen. Der Stromrichtungszeiger $Str.$ mufs dann auf $L$ (Ladung) zeigen, wobei die Spannung des Ladestromes bei $V$ und die Stärke desselben bei $A_1$ und $A_2$ zu erkennen ist.

18. Betriebsvorschriften, II. Ladebetrieb.

### 3. Beendigung des Ladebetriebes.

*a) Übergang vom Lade- zum Batteriebetriebe.*
*b) Übergang vom Lade- zum Maschinenbetriebe.*

Gleichviel, ob vom Lade- zum Batterie- oder Maschinenbetriebe übergegangen werden soll, ist nach Beendigung der Ladung der Zellenschalterhebel $Z$ unter Stellung des Voltmeterumschalters $U_2$ auf $A$ (Akkumulator) bis auf das der Lichtspannung entsprechende Kontaktstück zurückzustellen und die Maschine durch Spannungsverminderung zu entlasten. Im ersteren Falle ist dann, nachdem der Automat $SA$ abgeschaltet hat, $U_1$ nach $A$ zu drehen und hierauf das Lichtnetz durch Schliefsen der erforderlichen Leitungsschalter mit der Stromquelle in Verbindung zu bringen.

Im zweiten Falle dagegen wird, ebenfalls nachdem der Automat abgeschaltet hat, die Maschine auf die Lichtspannung einreguliert, dann $U_1$ auf $M$ (Maschine) gestellt und darauf erst das Lichtnetz durch Schliefsen der erforderlichen Leitungsschalter mit der Maschine in Verbindung gebracht. In beiden Fällen mufs $U_2$ nach dem Betriebsübergange auf $L$ (Leitung) gestellt werden; die Lichtspannung, wie auch die Betriebsstromstärke, sind wie gewöhnlich, bei $V$ und $A_2$ resp. $A_1$ abzulesen.

Man kann indessen, wenn sofort nach der Ladung Lichtstrom gebraucht wird, bei einiger Übung und Kenntnis der Stromverbrauchsverhältnisse die gänzliche Abschaltung der Maschine umgehen, indem man unter ungefährer Einhaltung der Lichtspannung den Ladestrom nicht bis auf Null sinken läfst, sondern schon entsprechend eher die Umschaltung vornimmt, so dafs der Ladestromkreis erst im Momente des Umschaltens durch den Automaten unterbrochen wird, und die Maschine sofort unter der Lichtbelastung weiterlaufen kann.

### III. Batteriebetrieb.

### 1. Allgemeines.

$U_1$ steht auf $A$ (Akkumulator), $U_2$ auf $L$ (Leitung) und der Zellenschalterhebel $Z$ auf dem der Normalspannung entsprechenden Kontakte. $SA_{max.}$ sowie die erforderlichen Leitungsschalter sind geschlossen, während die Maschine aufser Betrieb gestellt ist. Bei $A_2$ ist die Stärke und bei *Str.* die Richtung des Batteriestromes (Entladung) zu erkennen.

### 2. Beginn des Batteriebetriebes.

*a) Übergang vom Lade- zum Batteriebetriebe.*
*b) Übergang vom Maschinen- zum Batteriebetriebe.*

Auch diese beiden Betriebsübergänge, von denen der erstere schon unter II 3a auf Seite 91 beschrieben wurde, unterscheiden sich nur wenig voneinander.

Um vom Maschinen- zum Batteriebetriebe überzugehen, braucht man nur, unter Drehung des Voltmeterumschalters $U_2$ auf $A$ (Akkumulator) den Zellenschalterhebel $Z$ auf das der Lichtspannung entsprechende Kontaktstück zu stellen und dann $U_1$ von $M$ nach $A$ zu drehen, wodurch die Batterie von selbst die Stromlieferung übernimmt. Hierauf wird $U_2$ wie gewöhnlich auf $L$ (Leitung) gestellt und der bei $A_2$ abzulesende Lichtstrom, dessen Richtung durch den Stromrichtungszeiger *Str.* zu erkennen ist, mit dem Zellenschalter $Z$ auf konstanter Spannung gehalten.

### 3. Beendigung des Batteriebetriebes.

*a) Übergang vom Batterie- zum Ladebetriebe.*
*b) Übergang vom Batterie- zum Maschinenbetriebe.*

Der erste dieser beiden Betriebsübergänge wurde bereits unter II 2a auf Seite 90 besprochen.

Um den zweiten Betriebsübergang einzuleiten, also vom Batterie- zum Maschinenbetriebe überzugehen, braucht man nur die Maschine unter Stellung des Voltmeterumschalters $U_2$ auf $M$ (Maschine) auf die normale Lichtspannung anlaufen zu lassen, dann $U_1$ von $A$ auf $M$ (Maschine) zu drehen und durch Schliefsen der erforderlichen Leitungsschalter das Lichtnetz mit der Maschine in Verbindung zu bringen. Unter nunmehriger Stellung des Voltmeterumschalters $U_2$ auf $L$ (Leitung) ist die an $V$ abgelesene Lichtspannung durch Regulieren bei $R$ konstant zu halten. Die Betriebsstromstärke ist bei $A_1$ abzulesen.

## Schaltung II.
### Für Anlagen mit Doppelspannungsmaschine und Doppel-Zellenschalter.

## 19. Gesamterläuterungen.

Wenn in einem Betriebe auch während der Ladung Strom im Leitungsnetze gebraucht wird, ordnet man, wie schon weiter oben gesagt, aufser dem Lade- noch einen Entlade-Zellenschalter an, um mit letzterem auch während der Ladung Strom unter Normalspannung dem Lichtnetze zuführen zu können. In Fig. 65 ist diese Einrichtung zunächst unter Weglassung aller Nebenapparate schematisch veranschaulicht. Auch hier stellt wieder $M$ eine Nebenschlufsmaschine dar, deren Spannung sich beim Laden durch Verändern des Nebenschlufsregulators $R$ genügend erhöhen läfst. $B$ von $A+$ bis $A-$ ist die Batterie, $Z_l$ der Lade- und $Z_e$ der Entladehebel des Doppel-Zellenschalters und $U_1$ der Ladeumschalter. Letzterer hat zwei Kontaktflächen, deren eine die Bezeichnung $A$ (Akkumulator)[1] trägt und mit dem Ladehebel $Z_l$ verbunden, während die andere mit $L$ (Leitung) bezeichnet und direkt an die Lichtleitung angeschlossen ist. Dieser Apparat wird sowohl für Umschaltung mit, als auch ohne Stromunterbrechung ausgeführt; die etwas voneinander abweichende Behandlung beider Arten des Ladeumschalters beim Parallelbetriebe ist weiter unten besprochen.

Die normale Ladung findet statt, bei Stellung des Hebels $U_1$ auf $A$ (Akkumulator), indem der Strom vom positiven Pole der Maschine über $x$ zur Batterie $B$ und von da aus über den Zellenschalter $Z_l$ und den Ladeumschalter $U_1$ zur Maschine zurückfliefst. Der während der Ladung gebrauchte Lichtstrom hingegen nimmt seinen Weg von der Maschine aus über $x$ nach dem Leitungsnetze $N$, fliefst über den Entladehebel $Z_e$ und von da aus mit dem Ladestrome gemeinschaft-

---

[1] Diese Bezeichnungen werden wie schon früher (S. 76) gesagt, in der Praxis verschieden, bald so bald so gewählt. Die früher angenommenen Bezeichnungen seien hier und auch bei allen übrigen Betriebsvorschriften beibehalten.

lich erst ein Stück durch die Batterie (nach Fig. 65 durch Zelle 7 bis 3) und dann über den Ladehebel $Z_l$ und Kontakt $A$ des Ladeumschalters $U_1$ zur Maschine zurück. Da, wie ersichtlich, die zwischen dem Lade- und Entladehebel liegenden Zellen (hier Zelle 7 bis 3) nicht nur vom Lade-, sondern auch vom Lichtstrome durchflossen werden, sind sie mehr belastet als die übrigen Elemente der Batterie, und es ist dafür zu sorgen, dafs diese Überlastung nicht eine den Elementen schädliche Höhe erreiche. Im allgemeinen schadet eine Überlastung bis zu $20^0/_0$ den Schaltzellen nicht, weshalb der während der Ladung vom Zellenschalter entnommene Lichtstrom auch $20^0/_0$ von der Stärke des Ladestromes betragen darf, d. h., bei einem Ladestrome von 100 Amp. können gleichzeitig bis zu 20 Amp. (also $^1/_5$ des Ladestromes) durch den Entladehebel entnommen werden, ohne dafs dabei die Schaltzellen eine wesentliche Schädigung erleiden. Sobald aber mit steigendem Lichtverbrauche diese Grenze überschritten wird, mufs man dafür sorgen, dafs der Lichtstrom auf seinem Rückwege zur Maschine die betreffenden Endzellen der Batterie nicht mehr zu passieren braucht. Dies kann man auf zweierlei Weise erreichen, erstens, indem man zum normalen Parallelbetriebe und zweitens, indem man zum beschränkten Parallelbetriebe (vergl. unter **10, S. 54**) übergeht.

1. **Die normale Parallelbetriebsschaltung** wählt man, wenn nach Überschreitung der zulässigen Zellenüberlastung der dann plötzlich eintretende Hauptlichtbetrieb ein so starkes Steigen des Verbrauchsstromes veranlafst, dafs die Maschine in kürzester Zeit schon einer Unterstützung durch die Batterie bedarf. Dann legt man nach Überschreitung der genannten Schaltzellenüberlastung wenig Wert auf die Fortsetzung der Ladung, sondern vermindert vielmehr unter Konstanthaltung der Netzspannung die Ladestromstärke nach und nach, um, sobald Maschinen- und Lichtspannung nahezu übereinstimmen, durch Überführung des Schalthebels $U_1$ von $A$ nach $L$ zum normalen Parallelbetriebe überzugehen, der ein Zusammenarbeiten der Maschine und Batterie ohne jede Einschränkung gestattet und, da der Lichtstrom dabei ungestört über die äufsere Verbindungsleitung $cLU_1d$ zur Maschine zurückfliefsen kann, auch

jeder Schaltzellenüberlastung vorbeugt. Wenn nach geraumer

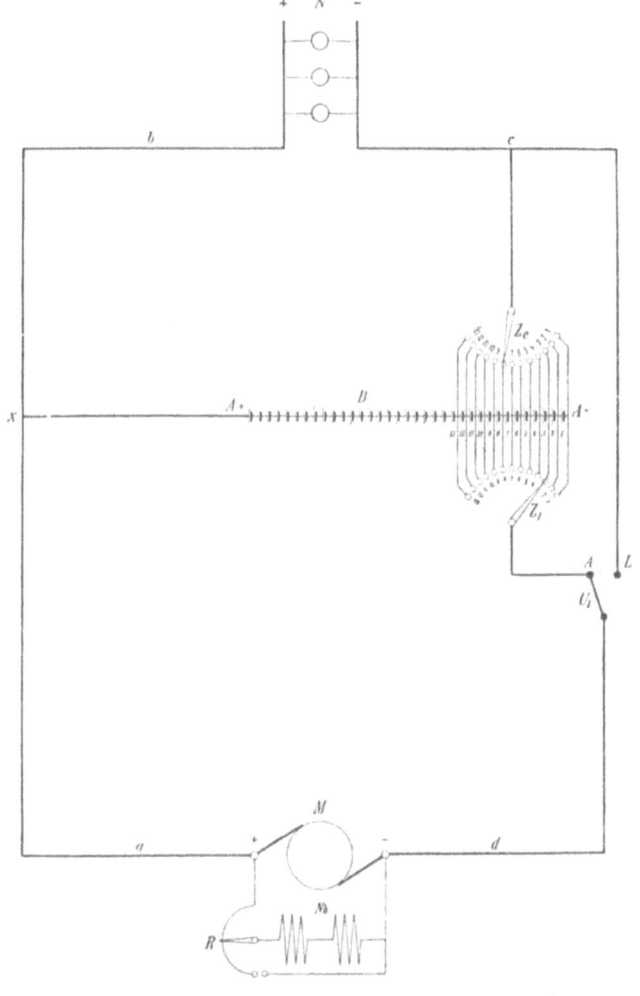

Fig. 65.

**Schematische Andeutung einer Doppel-Zellenschalter-Anlage.**

Zeit das Lichtbedürfnis und mithin auch die Gesamtbelastung des Leitungsnetzes wieder sinkt, wird bald die Maschine die

96    3. Abschnitt. Schaltung II.

Unterstützung der Batterie entbehren, ja ihr nach weiterem Sinken des Stromverbrauchs selbst wieder Strom abgeben können. Dies kann aufser der gewöhnlichen Ladestellung des Hebels $U_1$ auf $A$ ohne Veränderung der momentanen Schalterstellungen geschehen, indem man, sofern es der augenblickliche Sättigungsgrad der Batterie erlaubt, den Ladestrom seinen Rückweg zur Maschine einfach über den Entlade-Zellenschalter $Z_e$ und die äufsere Verbindungsleitung nehmen läfst.

Die eben erwähnte, durch den Parallelbetriebs - Übergang erforderte Umschaltung des Apparates $U_1$ läfst sich jedoch nur dann so ohne weiteres ausführen, wenn sie durch einen Umschalter mit Unterbrechung erfolgt, wie es z. B. bei Verwendung eines der in Fig. 23—25 dargestellten Apparate der Fall sein würde. Sobald dagegen zum Übergange ein Umschalter ohne Unterbrechung benutzt wird, also ein solcher, dessen Schalthebel während der Drehung momentan beide Kontaktstücke $A$ und $L$ gleichzeitig berührt (s. Fig. 26), mufs streng darauf geachtet werden, dafs bei der vorhergehenden Verminderung der Maschinenspannung (also noch ehe die Umschaltung erfolgt) auch beide Zellenschalterhebel nach und nach auf ein und dasselbe Kontaktstück gestellt wurden, weil sonst die zwischen dem Lade- und Entladehebel liegenden Zellen im Momente der Umschaltung durch den Hebel $U_1$ einen Kurzschlufs erleiden würden. So müfste beispielsweise nach der in Fig. 65 eingezeichneten Zellenschalterstellung im Augenblicke der Umschaltung ein Strom von Zelle 7 aus über Kontakt 8 $Z_e$ $c$ und die äufsere Verbindungsleitung nach Kontakt $L$, dann über den Schalthebel $U_1$ nach Kontakt $A$ und weiterhin über $Z_l$ und Kontakt 3 nach Zelle 3 fliefsen, so dafs die Zellen 3 bis 7 in einem geschlossenen Stromkreise von äufserst geringem Widerstande liegen, also kurz geschlossen sind.

Wenn auch durch Verwendung eines Umschalters mit Unterbrechung diese Kurzschlufsgefahr vermieden und dadurch der Vorteil geboten wird, die Umschaltung jederzeit ganz unabhängig von der Stellung der Zellenschalterhebel zu einander ausführen zu können, — weil dann eben der Schalthebel nie mehr beide Kontaktflächen $A$ und $L$ gleichzeitig berühren und dadurch die etwa zwischen dem Lade- und Entladehebel liegenden Zellen kurzschliefsen kann, — so wird dieser Vorteil doch wieder dadurch aufgehoben, dafs bei jedem Umschalten eine Schwankung im gesamten Lichtnetze auftritt, die oft sehr störend wirkt, und dafs ferner der Schwachstromautomat, der während der momentanen Stromunterbrechung die Maschine selbstthätig abschaltete, erst wieder eingerückt werden mufs, wodurch die Maschine unter Umständen starken Belastungsschwankungen ausgesetzt ist, und die Batterie unliebsam überlastet wird.

Demgegenüber kann man bei Verwendung eines Umschalters ohne Unterbrechung den Schalthebel ruhig und ohne jede Schwankung von $A$ nach $L$ (vergl. Fig. 65) drehen, d. h. zum Parallelbetriebe übergehen, weil der vom Lichtnetz zur Maschine zurückkehrende Strom trotz der Veränderung seines Weges keine Unterbrechung zu erleiden hat, indem er, sobald beide Zellenschalterhebel auf einen Kontakt gestellt werden, erst über diese, dann während der Umschaltung auch gleichzeitig noch über die äufsere Verbindungsleitung und nach der Umschaltung nur noch über letztere allein zur Maschine zurückfliefsen wird.

2. Die beschränkte Parallelbetriebsschaltung benutzt man, wenn der nur ganz allmählich wachsende Stromverbrauch des Lichtnetzes die Entladestromstärke der Batterie voraussichtlich oder erfahrungsgemäfs nicht wesentlich übersteigt. In diesem Falle wird man, nach Überschreitung der zulässigen Zellenüberlastung die Ladung nicht gleich gänzlich abbrechen und zu der oben erwähnten normalen Parallelbetriebsschaltung übergehen, sondern man wird, die Leistungsfähigkeit der Maschine ausnutzend, den Ladestrom erst nach und nach mit steigendem Lichtverbrauche vermindern und die Batterie selbst nicht eher als nötig zur Stromlieferung heranziehen. Zu diesem Zwecke behält man die Ladeschaltung bei, bringt aber, da es vor allem gilt, die Schaltzellen einer schädlichen Überlastung zu entziehen, den Ladehebel dem Entladehebel langsam näher, bis beide, auf einem Kontakte stehend, dem von der Lichtleitung kommenden Strome

einen bequemen Rückweg über sich selbst bieten, indem dieser Strom von $Z_e$ aus direkt über den gemeinsamen Kontakt nach $Z_l$ und von da aus über den Kontakt $A$ des Umschalters $U_1$ und die Leitung $d$ zur Maschine zurückfließt. Von jetzt ab müssen, um nicht wieder eine Schaltzellenüberlastung herbeizuführen, bei jeder Regulierung beide Hebel gemeinschaftlich bewegt werden. Um diese Manipulation zu erleichtern, werden die Zellenschalter mitunter auch so ausgeführt, daß sich beide Hebel kuppeln und von da an leicht gemeinschaftlich bewegen lassen.

Die Ladung kann und wird mit steigendem Lichtstrome allmählich vermindert werden. Doch darf diese Art des Parallelbetriebes, die, wie jetzt leicht zu erkennen ist, nur die weiter oben erklärte Übergangsstufe zum normalen Parallelbetriebe bildet, nur so lange beibehalten werden, als der Licht- und Ladestrom zusammen oder, wenn nicht mehr geladen wird, der Lichtstrom allein die Entladestromstärke der Batterie nicht wesentlich übersteigt, weil sonst der Zellenschalter sowohl als auch die von ihm zur Maschine oder zum Lichtnetze führenden, nur für die maximale Entladestromstärke der Batterie bemessenen Drähte überlastet würden.

Wenn die Schaltzellen und der Zellenschalter, wie dies mitunter geschieht, von vornherein größer und die Leitungsdrähte stärker gewählt wurden, kann man natürlich auch die Belastung entsprechend steigern. Stets muß aber, sobald die Maximalbelastung des Zellenschalters und der betreffenden Leitungen (wie stark diese auch sein mögen) überschritten wird, zum normalen Parallelbetriebe ($U_1$ auf $L$) übergegangen und somit der gesamte Maschinenstrom nicht mehr über den Zellenschalter, sondern über die stärkere äußere Hauptleitung zur Maschine zurückgeleitet werden.

Wenn man den beschränkten Parallelbetrieb als Übergangsstufe zum normalen Parallelbetriebe betrachtet, erscheint die mehrfach erwähnte Überführung beider Zellenschalterhebel auf einen Kontakt und die Benutzung eines Umschalters ohne Unterbrechung nicht mehr als Komplizierung des Betriebes, sondern zu dessen korrekter Führung selbstverständlich.

Die Stellung beider Zellenschalterhebel auf ein und dasselbe Kontaktstück ist aber, sobald im Lichtnetze jede Schwankung verhütet werden mufs, nicht nur beim Übergang zum Parallelbetriebe, sondern auch bei Beginn der Ladung unbedingt erforderlich. Für gewöhnlich (wenn bei Beginn der Ladung nur sehr wenige Lampen, vielleicht in Kellern oder Treppenhäusern brennen, wo ein Zucken des Lichtes gar nicht weiter stört) dreht man bei Beginn der Ladung einfach den Ladehebel auf Zelle *1* und schaltet dann die Maschine in üblicher Weise zur Ladung ein, indem man ihr eine etwas höhere Spannung als der Batterie giebt und den Automaten schliefst. Wenn man dabei auch bemüht ist, die Netzspannung durch Nachregulieren mit dem Entlade-Zellenschalter konstant zu halten, so wird doch im Augenblicke des Zuschaltens der mit der höheren Ladespannung arbeitenden Maschine eine Lichtschwankung hervorgerufen.

Soll dagegen der Übergang zur Ladung ohne merkbare Lichtschwankungen erfolgen, so mufs man erst Maschine und Batterie parallel schalten und diesen Parallelbetrieb wieder durch Steigern der Maschinenspannung nach und nach zur Ladung ausbilden. Damit sich nun aber auch die Ladung später thatsächlich einfach durch Vergröfsern der Maschinenspannung von selbst einleite, wird man den Maschinenstrom — schon während des Parallelbetriebes — nicht über die äufsere Verbindungsleitung, sondern durch den entsprechend gestellten Ladehebel vom Lichtnetze zurückfliefsen lassen. Zu diesem Zwecke giebt man bei Beginn der Ladung der Maschine die normale Lichtspannung, stellt $U_1$ auf $A$, dreht den Ladehebel auf gleichen Kontakt mit dem Entladehebel und schaltet hierauf die Maschine durch Einrücken des Automaten parallel zur Batterie, wodurch jetzt Maschine und Batterie den Lichtstrom gemeinschaftlich liefern. Durch langsames Steigern der Maschinenspannung und unter allmählichem Einschalten aller Elemente in den Ladestromkreis geht man nun nach und nach zur normalen Ladung über, mufs aber auch gleichzeitig ebenfalls nach und nach entsprechend viele Zellen mit Hilfe des Entladehebels $Z_e$ vom Lichtnetze abtrennen, um dessen Spannung auf normaler Höhe zu erhalten.

3. Abschnitt. Schaltung II, Schema II g.

Diese Methode empfiehlt sich speziell in gröfseren Anlagen, wo der im Lichtnetze während des Überganges zur Ladung gebrauchte Lichtstrom stark genug ist, um den beim Zuschalten der Maschine eingerückten Minimum-Automaten selbstthätig in seiner Lage zu erhalten. Wenn nämlich andernfalls der momentan von der Maschine zu liefernde Lichtstrom zu schwach ist, kann es vorkommen, dafs der Automat nicht eingeschaltet bleibt und deshalb bis zu einem genügenden Anwachsen der Ladestromstärke zwangsweise gehalten werden mufs, was aber nicht jedermann zu empfehlen ist, weil bei zufällig unrichtigen Spannungsverhältnissen zwischen Maschine und Batterie leicht Betriebsstörungen entstehen können.

Um die beiden Betriebsarten in den weiter unten folgenden Betriebsvorschriften voneinander unterscheiden zu können, seien sie deshalb wie nachstehend bezeichnet:

1. Normaler Übergang zum Ladebetriebe.
2. Schwankungsfreier Übergang zum Ladebetriebe.

Es wird nach dem hier Ausgeführten ersichtlich sein, dafs sowohl der Lade- als auch der Parallelbetrieb, je den Verhältnissen entsprechend, auf verschiedene Art durchgeführt werden kann.

### 1. Schema II g.
#### Für Doppelspannungsmaschine, Doppel-Zellenschalter und grofse Batterie.

Parallelbetrieb ist zulässig.
Während der Ladung dürfen Lampen brennen.

## 20. Erläuterungen.

Diese Schaltung wird in den weitaus meisten kleineren und mittelgrofsen Lichtanlagen verwendet, da sie am ehesten allen Anforderungen, die an einen derartigen Betrieb gestellt zu werden pflegen, genügt. Sie gestattet, das Lichtnetz gesondert von der Maschine oder der Batterie, oder von beiden gemeinschaftlich speisen zu lassen, gestattet, einen Ausgleich eventueller Lichtschwankungen durch die Batterie herbeizuführen, wie auch endlich eine Ladung unter gleichzeitiger Stromabgabe in das Leitungsnetz. Weniger vorteilhaft ist die ungünstige Ausnutzung der Maschine, die nur während der Ladung durch die Spannungserhöhung voll belastet läuft. Ferner erfordert der Doppel-Zellenschalter einen grofsen Aufwand von Kupfer für die Schaltzellendrähte (s. unter 9, Seite 51), und endlich wird, besonders in gröfseren Betrieben, die Beschränkung der Stärke des bei gleichzeitiger Ladung in das Leitungsnetz abgegebenen Stromes unangenehm empfunden. Allerdings läfst sich, wenn auch nicht ohne Übung und genaue Kenntnis der Stromverbrauchsverhältnisse, die Ladung so ausführen, dafs die Schaltzellen bei Beginn des gröfseren Stromverbrauches im Leitungsnetze schon fertig geladen und abgeschaltet sind, so dafs nach Stellung beider Zellenschalterhebel auf einen Kontakt die Lichtspannung genügt, um die noch im Stromkreise liegenden Zellen weiter zu laden. Selbstverständlich wird es dann nicht immer möglich sein, die normale Ladestromstärke einzuhalten, sondern man mufs sich in jedem Falle mit dem sich von selbst ergebenden Ladestrome begnügen, dessen Stärke, da die Lichtspannung konstant bleibt, von dem augenblicklichen Sättigungsgrade der Zellen abhängt.

Diese Schaltung mit Doppelspannungsmaschine und Doppel-Zellenschalter ist unter Beibehaltung der früher gewählten Bezeichnungen und unter Einfügung aller für den praktischen Betrieb nötigen Mefs- und Schaltapparate in Fig. 66 schematisch dargestellt.

Über die konstruktive Anordnung des Ladeumschalters und seiner Verbindung mit der Maschine, der Batterie und dem Leitungsnetze ist im Vorstehenden genügend gesprochen worden.

An dieser Stelle sei noch auf einige praktische Anordnungen hingewiesen. Um die Batterie, wenn nötig, vom Lichtnetze abtrennen zu können, liegt in der vom Entladehebel zur Lichtleitung führenden Verbindung ein Ausschalter $a_1$, der auch wegfallen kann, sobald der Zellenschalter selbst ein blindes, d. h. ein nicht mit der Batterie verbundenes Kontaktstück besitzt.

Wenn der Ladeschalter für Umschaltung ohne Unterbrechung gebaut ist, liegt in der Ladeleitung, also zwischen $A$ und $Z_l$ zweckmäfsig noch eine Bleisicherung $s_4$, welche, sobald zufällig eine unterbrechungslose Umschaltung bei nicht gleichzeitiger Stellung beider Zellenschalterhebel auf ein und dasselbe Kontaktstück erfolgen sollte, die zwischen den Schalthebeln liegenden Zellen und den Schalter $U_1$ durch Abschmelzen vor Zerstörung bewahrt.

Der automatische Minimumschalter wird auch hier am besten direkt hinter die Maschine geschaltet, denn wenn er in der Ladeleitung, also zwischen $A$ und $Z_l$ liegt, was, wenn auch selten, doch mitunter vorkommt, so ist die Maschine zwar beim Lade-, nicht aber beim Parallelbetriebe vor Rückstrom aus der Batterie gesichert. Wenn beispielsweise Maschine und Batterie gleichzeitig Strom in das Lichtnetz liefern, wobei $U_1$ auf $L$ steht und $a_1$ geschlossen ist, so würde, wenn etwa der Treibriemen der Dynamomaschine reifst, die letztere von $Z_e$ aus über $a_1$, $c$, $L$, $U_1$ und $d$ direkt Batterierückstrom erhalten, ohne dafs der Automat in Thätigkeit treten kann.

In dem Schaltungsschema der Fig. 66 sind die Schalterstellungen, sowie die Stärken der in den einzelnen Verbindungsleitungen fliefsenden Ströme für einen fast beendeten Ladebetrieb eingezeichnet, unter der Annahme, dafs die Maschine 100 Amp. giebt, von denen 90 zur Ladung und 10 zum Speisen einiger 65 voltiger Lampen im Leitungsnetze gebraucht werden. Im Laufe der Ladung sind durch den Ladehebel $Z_l$ bereits vier Zellen abgeschaltet worden ($Z_l$ steht deshalb auf Kontakt 5), so dafs im Ladestromkreise nur noch 36—4=32 Elemente liegen, die eine Ladespannung von

$$32 \cdot 2{,}5 = \sim 80 \text{ Volt}$$

erfordern.

Da nun die Spannung des im Leitungsnetze während der Ladung verzehrten Stromes durch die Anzahl der zwischen $x$ und $Z_e$ liegenden Elemente gegeben ist, so müssen, damit die Spannung in der Lichtleitung 65 Volt beträgt,

$$65 : 2{,}5 = \sim 26 \text{ Zellen}$$

im Stromkreise (also zwischen $x$ und $Z_e$) liegen. Der Ent-

## 20. Erläuterungen. 103

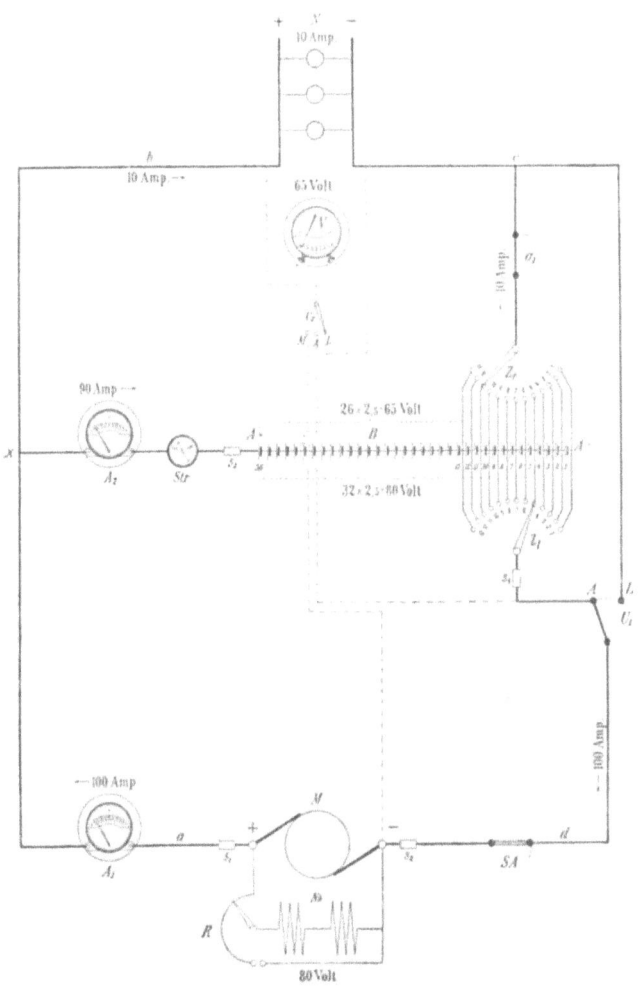

Fig. 66.

**Schema II g.**

**Mit Doppelspannungsmaschine, Doppel-Zellenschalter und grofser Batterie.**

Parallelbetrieb ist zulässig.
Während der Ladung dürfen Lampen brennen.

ladehebel $Z_e$ mufs demnach bei dem augenblicklichen Stande der Ladung auf Kontakt *11* gestellt werden, oder anders ausgedrückt, es müssen von den 36 Zellen der Batterie 10 Zellen abgeschaltet werden, damit zwischen $x$ und $Z_e$ noch 26 Zellen übrig bleiben.

Der Maschinenstrom von 100 Amp. teilt sich bei $x$, indem 90 Amp. durch die Batterie bis zu Zelle *4* und von da aus über $Z_l$ und $U_1$ zur Maschine zurückfliefsen. Die übrigen 10 Amp. hingegen nehmen ihren Weg von $x$ aus über das Leitungsnetz $N$, fliefsen nach $Z_e$ und von da aus mit dem Ladestrom gemeinschaftlich erst ein Stück durch die Batterie (Zelle *10—5*) und dann über $Z_l$ und den Ladeschalter $U_1$ zur Maschine zurück.

Da der durch Zelle *10—5* vereinigt fliefsende Lade- und Lichtstrom höchstens 20% stärker als der Ladestrom selbst sein, also

$$90 + \frac{20 \cdot 90}{100} = 90 + 18 = 108 \text{ Amp.}$$

betragen darf, so können im Lichtnetze während der Ladung mit der maximalen Stromstärke von 90 Amp. nicht mehr als 18 Amp. abgegeben werden.

Dafs auch die Verwendung mehrerer Maschinen an der Gesamtschaltung wenig ändert, ist aus Fig. 67, die eine Doppelzellenschalter-Anlage mit zwei Maschinen darstellt, zu ersehen. Genau wie früher mufs auch hier für jede Maschine ein Min.-Automat, sowie ein Ladeumschalter vorhanden und in derselben Weise wie früher mit der Maschine, dem Ladehebel des Zellenschalters und der Lichtleitung verbunden sein. Der Voltmeterumschalter enthält statt des Kontaktes $M$ (Maschine) deren zwei, bezeichnet mit $M_1$ (Maschine 1) und $M_2$ (Maschine 2), um aufser der Licht- und Akkumulatorenspannung auch die Klemmenspannung jeder Maschine besonders kontrollieren zu können. Statt dessen verwendet man aber auch zwei Voltmeter, deren eines dauernd an der Lichtleitung liegt, während das andere durch einen gewöhnlichen dreikontaktigen Voltmeterumschalter zur Spannungsmessung, je nach Erfordernis mit Maschine 1, Maschine 2 oder der Akkumulatorenbatterie in Verbindung gebracht werden kann.

## 20. Erläuterungen.

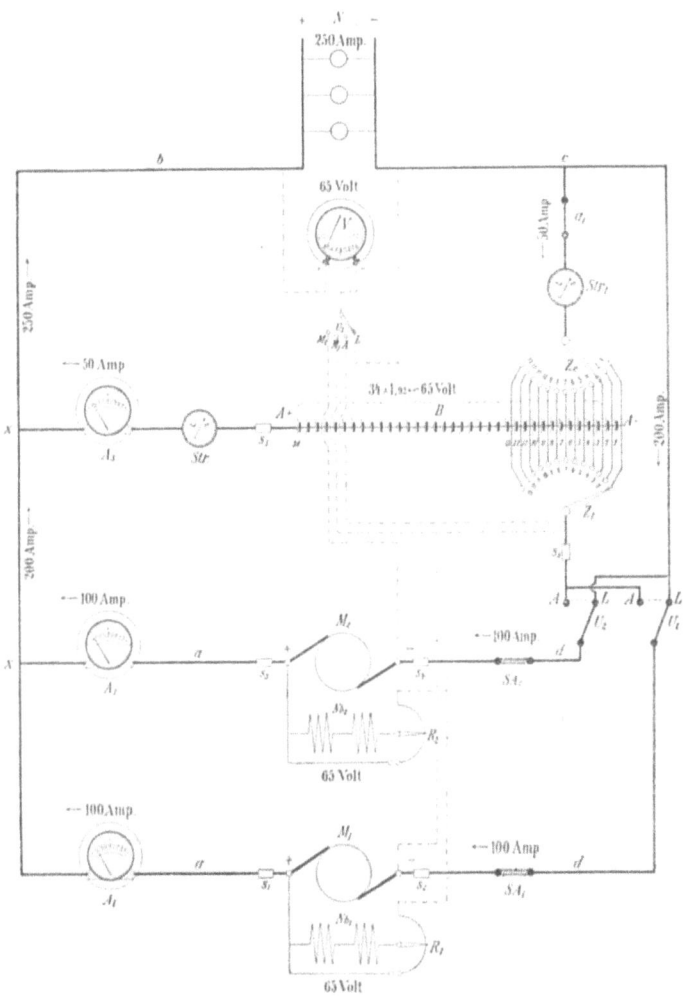

Fig. 67.

**Schema II g.**

**Mit zwei Doppelspannungsmaschinen, Doppel-Zellenschalter und grofser Batterie.**

Parallelbetrieb ist zulässig.
Während der Ladung dürfen Lampen brennen.

Sehr zu empfehlen ist die Einfügung eines in Fig. 67 mit $Str._1$ bezeichneten zweiten Stromrichtungszeigers in die von $Z_e$ nach Punkt $c$ führende Entladeleitung, mit dessen Hilfe sich, bei Ladung mit der einen und gleichzeitiger Stromlieferung mit der anderen Maschine der Entladehebel $Z_e$ leicht so einstellen läfst, dafs der Batterie kein Strom entnommen wird. Nach den Einzeichnungen der Fig. 67 erhalten die Maschinen ihren Erregestrom von der Batterie, denn wenn auch in diesem Falle sehr wohl eine Selbsterregung der Maschine zulässig ist, so wird doch im allgemeinen durch die Fremderregung mittels Batteriestromes mehr Garantie für eine stets gleichbleibende Stromrichtung beider Maschinen, — und auf diese kommt es hier ja an — geboten, als dies bei Selbsterregung der Fall sein würde.

Die Anordnung der übrigen Apparate, sowie die Bezeichnung derselben entspricht der einer Doppelzellenschalter-Anlage, also den Angaben zu Fig. 66 auf Seite 103.

Ebenso wie beide Maschinen zusammen das Lichtnetz oder die Batterie zu speisen vermögen, kann auch eine derselben zur Lichtlieferung und gleichzeitig die andere zur Ladung dienen, je nach Stellung der Umschalter $U_1$ und $U_2$. **Nie aber darf eine Maschine, den allgemeinen Vorschriften entgegen, eher zu einer anderen oder zur Batterie hinzugeschaltet werden, als bis ihre Spannung nicht mindestens gleich ist derjenigen der schon im Betriebe befindlichen Stromquelle.**

In Fig. 67 sind die Schalterstellungen, sowie die Stärken der in den einzelnen Verbindungsleitungen fliefsenden Ströme für einen normalen Parallelbetrieb eingezeichnet unter der Annahme, dafs jede Maschine, ihrer Maximalleistung entsprechend, 100 Amp. in das Leitungsnetz abgiebt und die Batterie den weiteren Strombedarf — augenblicklich 50 Amp. — deckt. Als Entladespannung sei 1,92 Volt pro Zelle angenommen, so dafs, um in dem Lichtnetze $N$ 65 Volt Klemmenspannung zu erhalten

$$65 : 1,92 = \sim 34$$

Zellen durch den Entladehebel $Z_e$ einzuschalten sind, d. h. $Z_e$ auf Kontakt $3$ zu stellen ist. Dem allmählichen Sinken der

Entladespannung entsprechend muſs er später auf Kontakt *2* und vielleicht auch — je nach der Entladungsdauer — darnach noch auf Kontakt *1* gestellt werden, wogegen der Ladehebel $Z_l$, weil der Batterie kein Ladestrom mehr zuflieſst, ruhig auf Kontakt *1* stehen bleibt.

## 21. Betriebsvorschriften.
(Fig. 66.)

### I. Maschinenbetrieb.

#### 1. Allgemeines.

Während des reinen Maschinenbetriebes sind alle durch die Stärke des augenblicklichen Lichtbetriebes erforderlichen Leitungsschalter[1]) und der Automat $SA$ geschlossen, $a_1$ ist geöffnet, $U_1$ und $U_2$ stehen auf $L$ (Leitung), die Betriebsstromstärke wird bei $A_1$ und die Lichtspannung, wie gewöhnlich, bei $V$ abgelesen.

#### 2. und 3. Beginn und Beendigung des Maschinenbetriebes.

Dieser reine, unter gänzlicher Abschaltung der Batterie durchgeführte Maschinenbetrieb wird nur ganz selten hergestellt, weil ja gerade der Doppel-Zellenschalter Verwendung findet, um jederzeit das Lichtnetz in Berührung mit der Batterie zu halten, damit letztere bei plötzlichem Maschinendefekte als Momentreserve dienen kann.

Deshalb sind auch die dem reinen Maschinenbetriebe verwandten vier Betriebsübergänge

1. Übergang vom Batterie- zum Maschinenbetriebe, S. 118,
2. Übergang vom Parallel- zum Maschinenbetriebe, S. 117,
3. Übergang vom Maschinen- zum Ladebetriebe, S. 110,
4. Übergang vom Maschinen- zum Parallelbetriebe, S. 113,

als von geringerer Bedeutung, hier nicht besonders behandelt, sondern werden durch die den vier Betriebsübergängen beigedruckten Seitenzahlen leichter auffindbar, nachstehend unter Lade-, Parallel- oder Batteriebetrieb erläutert.

---

[1]) Siehe Anmerkung Seite 78.

## II. Ladebetrieb.

### 1. Allgemeines.

Die Ladung soll möglichst zur Zeit des geringsten Stromverbrauchs im Lichtnetze erfolgen und muſs unterbrochen werden, wenn dieser Stromverbrauch 20 % der Stärke des maximalen Ladestromes übersteigt.

Die Maschine ist unter Ladespannung in Betrieb, ihr Min.-Automat $SA$ sowie der Schalter $a_1$ sind geschlossen, $U_1$ steht auf $A$ (Akkumulator), $U_2$ auf $L$ (Leitung), der Stromrichtungszeiger $Str.$ auf $L$ (Ladung), Lade- und Entladehebel des Zellenschalters je auf dem der Ladung und Entladung entsprechenden Kontakte. Die Stärke des Maschinenstromes ist bei $A_1$, die des Ladestromes bei $A_2$ und die Lichtspannung bei $V$ abzulesen.

### 2. Beginn des Ladebetriebes.

*a) Übergang vom Batterie- zum Ladebetriebe.*

Dieser Übergang zur Ladung findet in allen Anlagen mit Doppel-Zellenschalter, durch die täglichen Betriebsverhältnisse bedingt, ausgedehnte Verwendung.

Die Dynamomaschine wird gewöhnlich, wenn sie am Morgen die Speisung der während der Nacht vom Akkumulator betriebenen Lampen etc. übernimmt, nur schwach belastet sein, so daſs, auch wenn der Lichtverbrauch wieder etwas zunimmt, noch genügend Kraft übrig bleibt, um die Akkumulatoren zu laden. Deshalb wird man fast regelmäſsig vom Batterie- direkt zum Ladebetriebe übergehen, weshalb auch dieser Betriebsübergang hier besondere Beachtung verdient.

Der Übergang kann, je nachdem es die Verhältnisse erfordern, normal, d. h. auf die gewöhnliche einfache Art, oder auch, wenn unbedingt ruhiges Licht verlangt wird, schwankungsfrei erfolgen.

*α)* **Normaler Übergang vom Batterie- zum Ladebetriebe.**

Nach Überführung des Ladeumschalters $U_1$ auf Kontakt $A$ (Akkumulator) ist, unter Stellung des Ladehebels $Z_l$ auf Zelle *1* und des Voltmeterumschalters $U_2$ auf $A$ (Akkumulator) die Gesamtakkumulatorenspannung zu messen, dann $U_2$ auf $M$ zu drehen und die Dynamomaschine durch Einschalten von $R$ zu erregen, um, sobald sie eine etwas (ca. 5—10 Volt) höhere Spannung erreicht hat, als die vorhergehende Messung ergab, den Ladestromkreis durch vorschriftsmäfsiges Einrücken des Min.-Automaten zu schliefsen (vgl. unter 16 II 2 a, Seite 79—80). Gleichzeitig sind mit dem Entladehebel $Z_e$ einige Zellen abzuschalten, bis unter Stellung des Voltmeterumschalters $U_2$ auf $L$ (Leitung) die Normalspannung wieder hergestellt ist.

Die geladenen Zellen werden, wie üblich, nach und nach abgeschaltet, stets ist aber durch entsprechendes Regulieren bei $Z_e$ und $R$ dafür zu sorgen, dafs einerseits die Lichtspannung konstant bleibt, und dafs anderseits die maximale Grenze der Ladestromstärke nicht überschritten wird. $A_1$ zeigt die Stärke des Maschinenstromes und $A_2$ die des Ladestromes an. Erstere ist um den Betrag des Lichtstromes gröfser als letztere.

*β*) Schwankungsfreier Übergang vom Batterie- zum Ladebetriebe.

Die soeben beschriebene Art ist einfach, hat aber den Nachteil, dafs beim Einschalten des Automaten im Lichtnetze eine kleine Schwankung hervorgerufen wird. — Wenn dagegen ein vollständig ruhiger Übergang aus einer Betriebsart in die andere gefordert wird, ist der schwankungsfreie Übergang zu wählen.

Man bringt, nachdem $U_1$ auf $A$ (Akkumulator) gestellt ist, den Ladehebel auf gleichen Kontakt mit dem Entladehebel, läfst die Maschine auf die Lichtspannung anlaufen und rückt den Automaten ein (beschränkter Parallelbetrieb). Durch langsames Steigern der Maschinenspannung bei allmählichem Einschalten aller Elemente in den Ladestromkreis geht man nun nach und nach zur normalen Ladung über, mufs aber auch wiederum nach und nach entsprechend viele Zellen mit Hilfe des Entladehebels $Z_e$ vom Lichtnetze abtrennen, um dessen Spannung auf normaler Höhe zu erhalten.

Wenn der Lichtstrom nur schwach ist, kann es vorkommen, dafs der Automat nicht eingeschaltet bleibt. Man kann ihn dann solange halten, bis die Maschinenspannung gestiegen ist, und die Ladung ihren Anfang genommen hat. Vorsicht ist aber nötig, weil durch unrichtige Spannungsverhältnisse zwischen Maschine und Batterie eine beiderseitige Störung eintreten kann. Der Voltmeterumschalter $U_2$ hat während der Erregung der Maschine auf $M$ (Maschine), sonst aber stets auf $L$ (Leitung) zu stehen; auch hier ist die bei $A_1$ abgelesene Maschinenstromstärke um den Betrag des Lichtstromes gröfser als die bei $A_2$ abzulesende Ladestromstärke.

*b) Übergang vom Maschinen- zum Ladebetriebe.*

Im allgemeinen wird sich nur selten Gelegenheit bieten, vom reinen Maschinen- zum Ladebetriebe überzugehen, weil, wie schon früher betont, in einem mit Doppel-Zellenschalter arbeitenden Betriebe wirklich reiner Maschinenbetrieb überhaupt nur ausnahmsweise zur Durchführung kommt.

Zunächst bringe man unter Stellung des Voltmeterumschalters $U_2$ auf $A$ (Akkumulator) beide[1]) Zellenschalterhebel auf das der Lichtspannung entsprechende Kontaktstück und leite durch Schliefsen des Schalters $a_1$ normalen Parallelbetrieb ein. Dann gehe man durch Überführen des Hebels $U_1$ von $L$ nach $A$ zum beschränkten Parallelbetrieb über und erweitere diesen endlich zum Ladebetriebe, indem man unter nunmehriger Stellung des Voltmeterumschalters $U_2$ auf $L$ (Leitung) die Lichtspannung mit Hilfe des Entladehebels $Z_e$ konstant hält und durch den Ladehebel nach und nach alle Zellen in den Ladestromkreis einschaltet. Der Ladestrom ist dann durch entsprechendes Steigern der Maschinenspannung allmählich auf die vorschriftsmäfsige Höhe zu bringen.

Die Ladung kann natürlich auch, wenn kein Licht gebraucht wird, unter gänzlicher Abschaltung des Lichtnetzes erfolgen, indem der Schalter $a_1$ geöffnet bleibt, die Umschaltung von $U_1$ jedoch wie auch die Regulierung der Ladestromstärke wie beim normalen Übergange zur Ladung erfolgt.

Man wird, auch wenn während der Ladezeit gewöhnlich kein Licht gebraucht wird, diese letztere Betriebsweise nicht oft her-

---

[1]) Während die Überführung beider Zellenschalterhebel auf ein und dasselbe Kontaktstück bei Verwendung eines Umschalters mit Unterbrechung nur zur richtigen Einstellung und Spannungsmessung des Entladehebels (vgl. die Text-Anmerk. Seite 114) nötig erscheint, ist sie bei Verwendung eines Umschalters ohne Unterbrechung zur Umschaltung selbst erforderlich und darf deshalb dann unter keiner Bedingung umgangen werden.

stellen, weil gerade sie die momentane Betriebssicherheit der Anlage vermindert, höchstens um eine kleine Bequemlichkeit, nicht aber um irgend einen Vorteil zu bieten.

*c) Übergang vom Parallel- zum Ladebetriebe.*

Dieser Betriebsübergang ist, als zum Parallelbetriebe gehörig, unter III 3 a auf Seite 116 erläutert, worauf hier verwiesen sei.

### 3. Beendigung des Ladebetriebes.

*a) Übergang vom Lade- zum Batteriebetriebe.*

Wenn die Beendigung der Ladung zur Zeit geringen Strombedarfs geschieht, wird man die Maschine aufser Betrieb setzen und der Batterie allein die weitere Versorgung des Leitungsnetzes mit Betriebsstrom überlassen.

Die derartige Beendigung des Ladebetriebes geschieht einfach dadurch, dafs man mit Vergröfsern des Nebenschlufswiderstandes $R$ die Maschinenspannung und mithin auch die Ladestromstärke mehr und mehr vermindert, bis der Automat $SA$ den Ladestromkreis selbstthätig unterbricht. Die gleichzeitig etwas (s. Seite 4 und 52) mit sinkende Lichtspannung ist durch Zuschalten einiger Zellen mit dem Entladehebel $Z_e$ wieder auf den normalen Betrag zu erhöhen, sowie der Ladehebel $Z_l$ auf Kontakt *1* zu schieben. Der Voltmeterumschalter $U_2$ hat dabei dauernd auf $L$ (Leitung) zu stehen, und der Stromrichtungszeiger *Str.* wird auf $E$ (Entladung) zeigen.

*b) Übergang vom Lade- zum Parallelbetriebe.*

Dieser Betriebsübergang findet unter III 2 b auf Seite 114 eingehend Erläuterung, weshalb auf diese Stelle verwiesen sei.

*c) Übergang vom Lade- zum Maschinenbetriebe.*

Nur selten wird man, wie schon weiter oben berührt, zum reinen Maschinenbetriebe übergehen, weil dann die Gleichmäfsigkeit des Lichtes und die Betriebssicherheit der gesamten Anlage vermindert wird, ohne selbst Vorteile zu bieten.

Erforderlichenfalls stellt man den Ladehebel auf gleichen Kontakt mit dem Entladehebel, läfst, unter Beibehaltung der Stellung des Voltmeterumschalters $U_2$ auf $L$ (Leitung), die Ladespannung nach und nach sinken, um, wenn dieselbe annähernd bis auf die Lichtspannung gefallen, also wenn fast kein Ladestrom mehr vorhanden ist, den Ladeumschalter $U_1$ von $A$ nach $L$ zu drehen und hierauf durch Öffnen des Schalters $a_1$ zum reinen Maschinenbetriebe überzugehen. Da es mitunter vorkommt, dafs der Min.-Automat die Maschine zufolge ihrer plötzlich zu geringen Belastung selbstthätig abschaltet, noch ehe die Umschaltung erfolgt ist, darf der Automat solange gehalten werden, bis der Schalter $a_1$ geöffnet und dadurch die gesamte Stromlieferung der Maschine übertragen ist.

Wird, wie eben angenommen, ein Umschalter ohne Unterbrechung verwendet, so ist die Stellung beider Zellenschalterhebel auf den gleichen Kontakt zur Umschaltung unbedingt erforderlich, wodurch aber noch der Vorteil geboten wird, die Lichtspannung auch während der Spannungsverminderung der Maschine über Kontakt $L$ des Voltmeterumschalters kontrollieren und dadurch einen vollständig ruhigen Betriebsübergang erzielen zu können.

Findet dagegen ein Umschalter mit Unterbrechung Verwendung, so kann man die Maschinenspannung einfach bei Drehung des Voltmeterumschalters $U_2$ auf $M$ bis auf die Lichtspannung herabregulieren und dann ganz unbekümmert um die momentane Stellung des Ladehebels durch Überführung des Hebels $U_1$ nach $L$ und die darauffolgende Öffnung von $a_1$ zum Maschinenbetriebe übergehen. Wenn auch dieser Betriebsübergang dem anderen gegenüber leichter durchführbar erscheint, so kann er doch nicht so ruhig und schwankungsfrei ausgeführt werden wie der erstere, einmal, weil ja die Umschaltung mit Unterbrechung erfolgt, und dann, weil das Voltmeter, während des Überganges zur Verminderung der Maschinenspannung in Anspruch genommen, nicht auch zur Kontrolle der Lichtspannung dienen kann, so dafs letztere dann während dieser Zeit, — die durch die sinkende Ladespannung gerade ein öfteres Nachstellen des Entladehebels erfordert, — nach Gutdünken reguliert werden mufs.

### III. Parallelbetrieb.

#### 1. Allgemeines.

*a) Normaler Parallelbetrieb.*

Normaler Parallelbetrieb ist stets herzustellen, wenn der Gesamtstromverbrauch die Maximalbelastung der Maschine übersteigt.

Es sind die für den augenblicklichen Lichtbetrieb erforderlichen Leitungsschalter, sowie $SA$ und $a_1$ geschlossen,

21. Betriebsvorschriften, III. Parallelbetrieb.

$U_1$ und $U_2$ stehen auf $L$ (Leitung), die Stromstärke der Maschine wird bei $A_1$, die der Batterie bei $A_2$ und die Lichtspannung bei $V$ abgelesen. Mit Hilfe des Nebenschlufsregulators wird das Verhältnis der Maschinen- und Batteriespannung so abgeglichen, dafs erstere voll belastet läuft und letztere nur den erforderlichen Mehrbetrag liefert.

### b) Beschränkter Parallelbetrieb.

Beschränkter Parallelbetrieb ist nur statthaft, wenn der Gesamtstrom die maximal zulässige Belastung des Zellenschalters und seiner Verbindungsleitungen nicht wesentlich übersteigt.

Es sind die für den augenblicklichen Lichtbetrieb erforderlichen Leitungsschalter, sowie $SA$ und $a_1$ geschlossen, $U_1$ steht auf $A$ (Akkumulator), $U_2$ auf $L$ (Leitung) und beide Zellenschalterhebel auf ein und demselben Kontaktstücke; die Stromstärke der Maschine wird bei $A_1$, die der Batterie bei $A_2$ und die Lichtspannung bei $V$ abgelesen.

## 2. Beginn des Parallelbetriebes.

### a) Übergang vom Maschinen- zum normalen Parallelbetriebe.

Aus dem reinen Maschinenbetriebe ist zum Parallelbetriebe überzugehen, wenn der Stromverbrauch im Leitungsnetze die Maximalbelastung der Maschine übersteigt, oder auch, wenn die Batterie zum Ausgleiche etwa auftretender Schwankungen dienen soll.

Da in diesem Falle die Maschine schon läuft, und $U_1$ auf $L$ (Leitung) steht, braucht man nur unter Stellung des Voltmeterumschalters $U_2$ auf $A$ (Akkumulator) Lade- und Entladehebel auf das der Normalspannung entsprechende Kontaktstück zu bringen, dann $a_1$ zu schliefsen und unter nunmehriger Stellung des Voltmeterumschalters $U_2$ auf $L$ (Leitung) bei Einhaltung der Normalspannung die von Maschine und Batterie gelieferten und bei $A_1$ und $A_2$ abzulesenden Strommengen mit Hilfe des Nebenschlufsregulators $R$ so abzugleichen, dafs die Batterie nur zum Spannungsausgleich dient oder die Maschine in der Stromlieferung entsprechend unterstützt.

Kistner, Schaltungsarten. 8

3. Abschnitt. Schaltung II, Schema II g.

Die Übereinanderstellung, d. h. Einregulierung beider Zellenschalterhebel auf den gleichen Kontakt wird durch den Umstand bewirkt, daſs wohl jederzeit die Spannungsmessung des Ladehebels über Kontakt $A$ des Voltmeterumschalters erfolgen kann, diejenige des Entladehebels jedoch nur bei geschlossenem Schalter $a_1$ über Kontakt $L$ des Voltmeterumschalters ermöglicht wird. Um nun aber auch trotz Öffnung des Ausschalters $a_1$, und das ist bei obigem Betriebsübergange der Fall, den Entladehebel auf die Lichtspannung einstellen zu können, miſst man dessen Spannung einfach über den Ladehebel hinweg, indem man beide Zellenschalterhebel übereinander schiebt und unter Stellung des Voltmeterumschalters $U_2$ auf $A$ solange zusammen bewegt, bis der unter gewünschter Spannung stehende Zellenkontakt gefunden ist.

*b) Übergang vom Lade- zum Parallelbetriebe.*

1. Übergang vom Lade- zum beschränkten Parallelbetriebe.

Der beschränkte Parallelbetrieb ist im Gegensatze zum normalen Parallelbetriebe nur solange durchführbar, als der Lichtstrom (resp. gemeinsame Licht- und Ladestrom) nicht die zulässige Maximalbelastung des Zellenschalters und seiner Verbindungsleitungen übersteigt.

Um von der Ladung aus zu diesem Betriebe überzugehen, hat man nur nötig, den Ladehebel unter entsprechender Verminderung der Ladestromstärke nach und nach auf gleichen Kontakt mit dem Entladehebel zu stellen. Dann wird der Maschinenstrom, je nach seiner Spannung, entweder weiterladen, oder mit dem Batteriestrome gemeinschaftlich das Lichtnetz speisen und über den Zellenschalter zur Maschine zurückflieſsen. Die Spannung des Lichtnetzes wird, wie gewöhnlich, mit dem Entladehebel $Z_e$ konstant gehalten, doch müssen jetzt beide Hebel $Z_e$ und $Z_l$ stets zusammen bewegt und deshalb, wenn durch die Konstruktion zulässig, gekuppelt werden.

Sobald jedoch der Lichtstrom die statthafte Maximalbelastung des Zellenschalters übersteigt, muſs man dem Maschinenstrome einen andern Weg geben und deshalb zum normalen Parallelbetriebe übergehen.

2. Übergang vom Lade- zum normalen Parallelbetriebe.

*a)* **Bei Verwendung eines Ladeumschalters „mit" Unterbrechung.**

Wenn eben noch normaler Ladebetrieb vorhanden, also $U_1$ auf $A$ (Akkumulator), $U_2$ auf $L$ (Leitung) gedreht, $a_1$ und $SA$

## 21. Betriebsvorschriften, III. Parallelbetrieb.

geschlossen sind, sowie Lade- und Entladehebel auf den der Ladung und Entladung entsprechenden Kontakten stehen, wird man behufs Einleitung des normalen Parallelbetriebes wie folgt zu schalten haben:

Unter Konstanthaltung der Netzspannung mit Hilfe des Zellenschalters $Z_e$ läfst man durch Verringern der Maschinenspannung den Ladestrom nach und nach sinken, um, sobald er die Stärke des im Lichtnetze gebrauchten Stromes oder fast den Wert Null erreicht hat, $U_1$ von $A$ nach $L$ zu drehen und dadurch den gewünschten Parallelbetrieb herzustellen. Wenn hierbei infolge der momentanen Stromunterbrechung der Min.-Automat ausschaltet, ist er sogleich wieder einzurücken, darf aber auch während des Umschaltens gehalten werden. Hierauf ist durch entsprechendes Verändern des Nebenschlufswiderstandes die Stärke der von Maschine und Batterie gelieferten bei $A_1$ und $A_2$ abzulesenden Ströme nach Bedürfnis zu regulieren.

Im Augenblicke des Umschaltens entsteht im Leitungsnetze eine Lichtschwankung.

$\beta$) Bei Verwendung eines Ladeumschalters „ohne" Unterbrechung.

Die Überführung des Schalthebels $U_1$ von $A$ nach $L$ darf bei Verwendung eines Ladeumschalters ohne Unterbrechung nur erfolgen, wenn beide Zellenschalterhebel $Z_e$ und $Z_l$ auf ein und demselben Kontaktstücke stehen. Beim Übergange vom Lade- zum Parallelbetriebe ist deshalb streng darauf zu achten, dafs bei der allmählichen Verringerung der Ladestromstärke auch der Ladehebel nach und nach auf den Kontakt des Entladehebels gebracht werde. Es mufs also stets erst beschränkter Parallelbetrieb hergestellt und darnach erst $U_1$ von $A$ nach $L$ gedreht werden. Die Umschaltung erfolgt dann funkenlos und ohne jede Lichtschwankung. Ob sie sofort geschieht oder erst wenn durch die Stärke des Lichtstromes unbedingt erforderlich, ist an sich einerlei. Nach Überführung des Hebels von $A$ nach $L$ ist der Ladehebel wieder auf Zelle *1* zu stellen.

*c) Übergang vom beschränkten zum normalen Parallelbetriebe.*

Wenn man sich durch steigenden Stromverbrauch veranlafst sieht, aus dem beschränkten Parallelbetriebe direkt zum normalen Parallelbetriebe überzugehen, wenn sich also beide Zellenschalterhebel $Z_e$ und $Z_l$ schon auf ein und demselben Kontaktstücke befinden, $U_1$ auf $A$, sowie $U_2$ auf $L$ steht, $a_1$ und $SA$ geschlossen sind, braucht man, wie schon in vorstehendem gesagt, nur noch $U_1$ von $A$ nach $L$ zu drehen und darauf durch Verändern des Nebenschlufswiderstandes $R$ die Stärke des von Maschine und Batterie gelieferten Stromes nach Bedürfnis zu regulieren, sowie den Ladehebel $Z_l$ auf Kontakt *1* zu stellen. Auch hierbei entsteht bei Verwendung eines Ladeumschalters mit Unterbrechung eine Lichtschwankung, die durch Anordnung eines Ladeumschalters ohne Unterbrechung vermieden werden kann.

### 3. Beendigung des Parallelbetriebes.

*a) Übergang vom Parallel- zum Ladebetriebe.*

Wenn die Betriebsverhältnisse einer Anlage die Fortsetzung der Ladung nach Beendigung des Parallelbetriebes erfordern, ist diese zulässig, sobald der Lichtstrom bis auf $20\,^0/_0$ der Stärke des Ladestromes gesunken ist.

Zu diesem Zwecke bringt man wieder den Ladehebel $Z_l$ auf gleichen Kontakt mit dem Entladehebel $Z_e$, dreht $U_1$ von $L$ nach $A$, schaltet hierauf durch den Ladehebel nach und nach alle noch mit Strom zu versehenden Zellen in den Ladestromkreis ein, reguliert den bei $A_2$ abzulesenden Ladestrom mit dem Nebenschlufsregulator $R$ und die bei $V$ abzulesende Lichtspannung mit dem Entladezellenschalter $Z_e$: $U_2$ hat dabei stets auf $L$ (Leitung) zu stehen, weil es vor allem wichtig ist, die Netzspannung stets auf konstanter Höhe zu erhalten.

*b) Übergang vom Parallel- zum Batteriebetriebe.*

Aus dem Parallelbetriebe kann man zum reinen Batteriebetriebe übergehen, sobald der Stromverbrauch des Lichtnetzes bis auf die maximale Entladestromstärke[1]) der Batterie gesunken ist.

---

[1]) Vgl. Anmerkung Seite 85.

Zu diesem Zwecke braucht man nur die Maschinenspannung nach und nach sinken zu lassen, wodurch sich die Batterie von selbst mehr an der Stromlieferung und die Maschine entsprechend weniger beteiligt, bis letztere, fast stromlos geworden, vom Automaten $SA$ selbstthätig abgeschaltet wird. Auch in diesem Falle ist die Lichtspannung unter Stellung des Voltmeterumschalters $U_2$ auf $L$ (Leitung) bei $V$ abzulesen und mit dem Zellenschalter $Z_e$ konstant zu halten, während die Gröfse des Entladestromes bei Stellung des Stromrichtungszeigers $Str.$ auf $E$ (Entladung) an $A_2$ zu erkennen ist.

### c) Übergang vom Parallel- zum Maschinenbetriebe.

Auch der Betriebsübergang vom Parallel- zum reinen Maschinenbetriebe wird nur selten benutzt. Vielmehr zieht man (um gröfsere Gleichmäfsigkeit und Sicherheit des Betriebes zu erhalten) vor, bei allmählich sinkendem Lichtstrome unter Konstanthaltung der Spannung desselben die Maschine und Batterie so einzustellen, dafs letztere keinen Strom liefert, sondern nur zum Ausgleiche eventueller Lichtschwankungen und erforderlichenfalls als Momentreserve dient.

Unter Stellung des Voltmeterumschalters $U_2$ auf $L$ (Leitung) ist der Schalter $a_1$ zu öffnen und darauf mit Hilfe des Nebenschlufsregulators $R$ die normale Lichtspannung, abgelesen bei $V$, einzuschalten.

## IV. Batteriebetrieb.

### 1. Allgemeines.

Reiner Batteriebetrieb darf nur solange hergestellt werden, als der Stromverbrauch im Leitungsnetze die maximale Entladestromstärke der Batterie nicht übersteigt.

Die für den augenblicklichen Lichtbetrieb erforderlichen Leitungsschalter sowie $a_1$ sind geschlossen, der Stromrichtungszeiger $Str.$ steht auf $E$ (Entladung) und $U_2$ auf $L$ (Leitung). Die Entladestromstärke ist bei $A_2$ und die Lichtspannung, die mit dem Entladehebel $Z_e$ konstant gehalten wird, bei $V$ abzulesen.

## 2. Beginn des Batteriebetriebes.

*a) Übergang vom Lade- zum Batteriebetriebe.*

Dieser Betriebsübergang wurde bereits unter II 3 a) auf Seite 111 besprochen.

*b) Übergang vom Parallel- zum Batteriebetriebe.*

Auch dieser Betriebsübergang wurde schon früher, und zwar unter III 3 b) auf Seite 116 erläutert, worauf hier verwiesen sei.

## 3. Beendigung des Batteriebetriebes.

*a) Übergang vom Batterie- zum Maschinenbetriebe.*

Zur Einleitung des reinen Maschinenbetriebes ist zunächst $U_1$ auf $L$ (Leitung) und der Voltmeterumschalter $U_2$ auf $M$ (Maschine) zu stellen, sodann die Dynamomaschine in Betrieb zu setzen und durch Einschalten ihres Nebenschlufswiderstandes $R$ zu erregen, um, sobald die normale Klemmenspannung erreicht ist, durch Einschalten des Min.-Automaten zum Parallelbetriebe und durch darauffolgendes Öffnen des Schalters $a_1$ zum reinen Maschinenbetriebe überzugehen. Nach erfolgtem Übergange ist der Voltmeterumschalter wieder auf $L$ (Leitung) zu stellen.

Die Herstellung des reinen Maschinenbetriebes ist indessen nur selten zu empfehlen, vielmehr wird man gewöhnlich, wenn nach erfolgter Zuschaltung der Maschine die Batterie nicht geladen werden soll oder braucht, den Schalter $a_1$ geschlossen lassen, damit die dann jederzeit im Stromkreise liegende Batterie bei plötzlichem Maschinendefekte als Momentreserve dienen kann.

*b) Übergang vom Batterie- zum Ladebetriebe.*

Auch dieser Betriebsübergang fand bereits, und zwar unter II 2 a) auf Seite 108 Erläuterung, so dafs auf diese Stelle verwiesen werden kann.

## 2. Schema II k.

### Für Doppelspannungsmaschine, Doppel-Zellenschalter und kleine Batterie.

Parallelbetrieb ist unzulässig.
Während der Ladung dürfen Lampen brennen.

## 22. Erläuterungen.

Dieser Betrieb findet sich in Fabriken und sonstigen Anlagen, die am Tage nur wenig Licht brauchen, während der Batteriestrom nur nach Stillstand der Maschine zur Speisung einiger Bureau- und Treppenhauslampen, nicht aber zur Unterstützung der Maschine während der Hauptbetriebszeit benötigt wird. Deshalb braucht die Batterie nicht grofs zu sein; sie wird am Tage geladen, wobei durch den Entladezellenschalter einige Lampen mitbrennen dürfen, und erst bei Aufserbetriebsetzung der Maschine zur Lichtlieferung eingeschaltet. Wie aus Fig. 68 ersichtlich, unterscheidet sich diese Anordnung von dem Schema der Fig. 66 zunächst dadurch, dafs der Hebel des Umschalters $U_1$ nicht zur Maschine, sondern zur Lichtleitung führt,[1]) dafs ferner der automatische Min.-Schalter $SA$ in einer besonderen Ladeleitung $dZ_l$ liegt und dafs in den Akkumulatorenstromkreis noch ein automatischer Starkstromschalter $SA_{max.}$ eingefügt ist, der die verhältnismäfsig kleine Batterie vor Überanstrengung schützen soll.[2])

Ferner erhalten die Kontakte des Umschalters $U_1$ nicht die Bezeichnungen $A$ und $L$, sondern $A$ (Akkumulator) und $M$ (Maschine), deren ersterer mit dem Entladehebel $Z_e$ ohne Einfügung eines Ausschalters und deren zweiter mit der Maschine verbunden ist.

Die Umschaltung mufs mit Unterbrechung erfolgen, weil sonst die Maschine während gleichzeitiger Berührung beider Kontaktflächen $A$ und $M$ durch den Schalthebel $U_1$ Rückstrom aus der Batterie erhalten könnte.

---

[1]) Siehe Anmerkung [1]) Seite 87.
[2]) Das in der Text-Anmerkung auf Seite 87 über Verwendung nur eines Automaten Gesagte, gilt genau so auch für diesen Betrieb.

3. Abschnitt. Schaltung II, Schema IIk.

## 23. Betriebsvorschriften.
(Fig. 68.)

### I. Maschinenbetrieb.

#### 1. Allgemeines.

Die Maschine läuft unter Normalspannung, $U_1$ steht auf $M$ (Maschine), $U_2$ auf $L$ (Leitung), $SA$ ist geöffnet, und nur die erforderlichen Leitungsschalter sind geschlossen. Die Lichtspannung ist bei $V$ und die Betriebsstromstärke bei $A_1$ abzulesen. Die Maschine muſs stets in Betrieb gesetzt werden, sobald der Lichtstrom die Stärke des maximalen Entladestromes übersteigt.

#### 2. und 3. Beginn und Beendigung des Maschinenbetriebes.

Diese Betriebsübergänge sind für Anlagen mit kleiner Batterie von gröſserer Wichtigkeit, als für solche mit groſser Batterie, denn da in ersteren durch Wegfall des Parallelbetriebes sehr oft mit reinem Maschinenbetriebe gearbeitet werden muſs, steigt auch das Bedürfnis, von dieser oder jener Betriebsart zum reinen Maschinenbetriebe überzugehen, oder auch von diesem zu der früheren Betriebsart zurückzukehren. Die betreffenden, nachstehend in zwei Reihen unter Beifügung der Seitenzahlen angegebenen Betriebsübergänge finden nachstehend unter Lade- oder Batteriebetrieb eingehend Erläuterung.

| Beginn des Maschinenbetriebes. | Beendigung des Maschinenbetriebes. |
|---|---|
| a) Übergang vom Batterie- zum Maschinenbetriebe . . . . . 125 | a) Übergang vom Maschinen- zum Ladebetriebe . . . . . . . 122 |
| b) Übergang vom Lade- zum Maschinenbetriebe . . . . . . 123 | b) Übergang vom Maschinen- zum Batteriebetriebe . . . . . . 125 |

### II. Ladebetrieb.

#### 1. Allgemeines.

Die Maschine ist unter Ladespannung in Betrieb und ihr Min.-Automat $SA$, wie auch der Starkstromschalter $SA_{max.}$[1]) geschlossen, $U_1$ steht auf $A$ (Akkumulator) und $U_2$ auf $L$ (Leitung), der Stromrichtungszeiger $Str.$ auf $L$ (Ladung), Lade- und Entladezellenschalter je auf dem der Lade- und Entlade-

---

[1]) Über die Bedienung der Max.-Automaten s. Anmerkung Seite 88.

23. Betriebsvorschriften, II. Ladebetrieb.

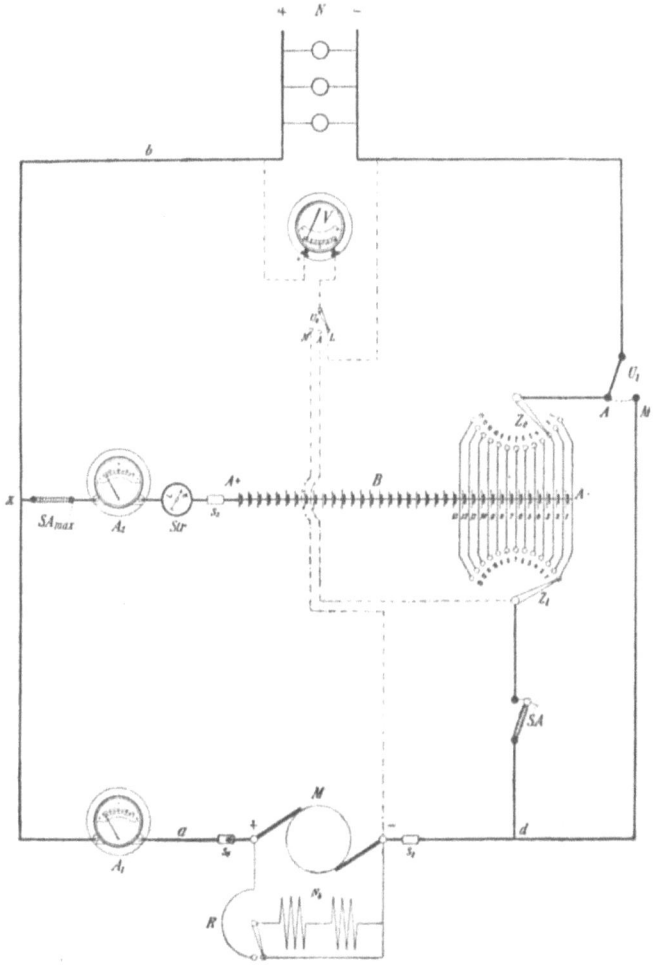

Fig. 68.

**Schema II k.**

**Mit Doppelspannungsmaschine, Doppel-Zellenschalter und kleiner Batterie.**

Parallelbetrieb ist unzulässig.
Während der Ladung dürfen Lampen brennen.

spannung entsprechenden Kontakte. Die Stärke des Maschinenstromes ist bei $A_1$, die des Ladestromes bei $A_2$ und die Lichtspannung bei $V$ abzulesen.

Der Lichtstrom darf während der Ladung höchstens $20^0/_0$ von der Stärke des Ladestromes betragen. Sobald diese Grenze überschritten wird, mufs zum reinen Maschinenbetriebe übergegangen werden.

Nur wenn es durch veränderte Betriebsverhältnisse unumgänglich nötig erscheint, während der Ladung ausnahmsweise mehr als $20^0/_0$, d. i. $^1/_5$ der maximalen Ladestromstärke, dem Lichtnetze zuzuführen, dürfen Lade- und Entladehebel auf ein und dasselbe Kontaktstück geschoben werden, um den von der Lichtleitung zurückkehrenden Strom über die Zellenschalterhebel selbst zur Maschine zurückfliefsen zu lassen. Aber auch von diesem Betriebe mufs man zum reinen Maschinenbetriebe übergehen, sobald Licht- und Ladestrom zusammen die Entladestromstärke der Batterie wesentlich übersteigen.

### 2. Beginn des Ladebetriebes.

*a) Übergang vom Maschinen- zum Ladebetriebe.*

Da in diesem Falle die Maschine schon läuft und $U_1$ auf $M$ gestellt ist, wird man zunächst unter Stellung des Voltmeterumschalters $U_2$ auf $A$ (Akkumulator) den Lade- und Entladehebel auf das der Normalspannung entsprechende Kontaktstück stellen, dann durch Drehen des Hebels $U_1$ nach $A$ zum reinen Batteriebetriebe übergehen und diesen erst, der nachstehend unter $b$ gegebenen Vorschrift entsprechend, zum Ladebetriebe ausbilden.

Die Übereinanderstellung, d. h. Einregulierung beider Zellenschalterhebel auf den gleichen Kontakt wird durch den Umstand bedingt, dafs wohl jederzeit die Spannungsmessung des Ladehebels über Kontakt $A$ des Voltmeterumschalters erfolgen kann, diejenige des Entladehebels jedoch nur bei Stellung des Schalters $U_1$ auf $A$ über Kontakt $L$ des Voltmeterumschalters ermöglicht wird. Um nun aber auch trotz Stellung des Schalters $U_1$ auf $M$, und dies ist bei obigem Betriebsübergange der Fall, den Entladehebel auf die Lichtspannung einstellen zu können, mifst man dessen Spannung einfach über den Ladehebel hinweg, indem man beide Zellenschalterhebel übereinander schiebt und unter Stellung des

23. Betriebsvorschriften, II. Ladebetrieb. 123

Voltmeterumschalters $U_2$ auf $A$ solange zusammen bewegt, bis der unter gewünschter Spannung stehende Zellenkontakt gefunden ist.

### b) Übergang vom Batterie- zum Ladebetriebe.

Man mifst unter Stellung des Voltmeterumschalters $U_2$ auf $A$ (Akkumulator) und des Ladehebels $Z_l$ auf Zelle *1* die Gesamtakkumulatorenspannung, läfst dann die Maschine unter Drehung des Voltmeterumschalters $U_2$ nach $M$ (Maschine) auf eine etwas höhere als die eben gemessene Batteriespannung anlaufen und leitet darauf durch Schliefsen des Automaten $SA$ den Ladebetrieb ein. Dabei ist die Lichtspannung durch gleichzeitige Abschaltung entsprechend vieler Zellen unter Stellung des Voltmeterumschalters $U_2$ auf $L$ (Leitung) mit dem Entladehebel $Z_e$ konstant zu halten. Während *Str.* auf $L$ (Ladung) zeigt, ist die Spannung des Lichtstromes bei $V$, die Stärke des Ladestromes bei $A_2$ und die des gesamten Maschinenstromes bei $A_1$ abzulesen. Letztere ist um den Betrag des Lichtstromes gröfser als erstere.

Beim Umschalten des Hebels $U_1$ von $M$ nach $A$ entsteht im Leitungsnetze eine Schwankung, desgleichen eine bei Beginn der Ladung durch Zuschalten der mit höherer Spannung arbeitenden Maschine. Die erstere Schwankung ist nicht zu umgehen, wohl aber die letztere, wenn man, genau wie früher (auf Seite 109) beschrieben, den schwankungsfreien Übergang zur Ladung wählend, zuerst den Ladehebel auf gleichen Kontakt mit dem Entladehebel stellt, dann den Automaten schliefst und nun durch langsames Erhöhen der Maschinenspannung zum Ladebetriebe übergeht.

Der Betriebsübergang vom Batterie- zum Ladebetriebe ist bei Doppel-Zellenschalteranlagen mit kleiner Batterie von genau derselben Wichtigkeit, als bei Verwendung einer grofsen Batterie.

### 3. Beendigung des Ladebetriebes.

*a) Übergang vom Lade- zum Batteriebetriebe.*
*b) Übergang vom Lade- zum Maschinenbetriebe.*

Je nachdem, ob nach Beendigung der Ladung nur wenig, oder aber sehr viel Lichtstrom gebraucht wird, schaltet man die Maschine oder die Batterie ab und geht dadurch im ersten Falle zum Batterie- und im zweiten Falle zum Maschinenbetriebe über.

Gleichviel, ob vom Lade- zum Batterie- oder Maschinenbetriebe übergegangen werden soll, läfst man unter Beibehaltung der Stellung des Voltmeterschalters $U_2$ auf $L$ (Leitung) bei gleichzeitiger Konstanthaltung des Lichtstromes durch den Entladehebel $Z_e$ den Ladestrom mit Verminderung der Maschinenspannung nach und nach sinken, bis der Automat $SA$ den Stromkreis selbstthätig unterbricht, wodurch von selbst der bei $a$ gewünschte Batteriebetrieb eingeleitet wird.

Um nun, wie unter $b$ angegeben, zum Maschinenbetriebe überzugehen, mufs noch die Maschinenspannung unter Stellung des Voltmeterumschalters $U_2$ auf $M$ (Maschine) bis auf die Lichtspannung herabreguliert und dann der Umschalter $U_1$ von $A$ nach $M$ gedreht werden, wodurch die Maschine ohne weiteres die Stromlieferung übernimmt.

Unter normalen Verhältnissen wird indessen die Maschine, nachdem der Automat die Batterie einmal abgeschaltet hat, keiner weiteren Spannungsverminderung und somit auch Spannungsmessung bedürfen, da die Maschinenspannung, wenn der Ladestrom fast bis auf Null gesunken ist, so wie schon annähernd mit derjenigen des Lichtnetzes übereinstimmt, so dafs der Umschalter $U_1$ meistens sofort nach dem Abschalten des Automaten ohne weiteres nach $M$ gestellt werden darf.

Wenn einmal ausnahmsweise während der Ladung bedeutend mehr als 20% der Ladestromstärke im Lichtnetze gebraucht und deshalb beide Zellenschalterhebel auf einen Kontakt gestellt wurden, wird man, sofern vielleicht bei weiterem Anwachsen des Lichtstromes zum Maschinenbetriebe übergegangen werden soll, bei Konstanthaltung der Lichtspannung durch die beiden gemeinsam zu bewegenden Zellenschalterhebel den Ladestrom nach und nach vermindern und den Schalter $U_1$, sobald der Ladestrom nahezu auf Null gesunken ist, von $A$ nach $M$ überführen. Da dann die Maschine auch während des Überganges den gesamten Lichtstrom über den auf gleichem Kontakte stehenden Zellenschalterhebel zu liefern hat, erfolgt der Betriebswechsel unter dauernd günstiger Maschinen- und Batteriebelastung, so dafs die Lichtschwankungen auf ein Mindestmafs herabgedrückt werden.

Man könnte ja, wenn allgemein vom Lade- zum Maschinenbetriebe übergegangen werden soll, den Entladehebel $Z_e$ stehen lassen, wo er gerade während der Ladung stand; es ist indessen, wie oben gesagt, zu empfehlen, diesen Hebel stets mit Beendigung der Ladung auf den der Lichtspannung entsprechenden Zellenkontakt zu stellen, um bei plötzlichem Maschinendefekte einfach durch Umlegen des Hebels $U_1$ nach $A$ zum Batteriebetriebe übergehen zu können, ohne erst lange regulieren zu müssen.

Beim Umschalten des Hebels $U_1$ entsteht eine Lichtschwankung, die nicht zu umgehen ist.

## 23. Betriebsvorschriften, III. Batteriebetrieb.

### III. Batteriebetrieb.

#### 1. Allgemeines.

Reiner Batteriebetrieb darf nur hergestellt werden, wenn der Stromverbrauch die maximale Entladestromstärke der Batterie[1]) nicht übersteigt.

Es steht $U_1$ auf $A$ (Akkumulator), $U_2$ auf $L$ (Leitung) und der Entlade-Zellenschalter $Z_e$ auf dem der Normalspannung entsprechenden Kontakte. Die erforderlichen Leitungsschalter, sowie der Starkstrom-Automat $SA_{max}$ sind geschlossen, die Maschine ist aufser Betrieb und $SA$ geöffnet. Der Stromrichtungszeiger *Str.* zeigt auf $E$ (Entladung), bei $V$ ist die Spannung und bei $A_2$ die Stärke des Batteriestromes zu erkennen.

#### 2. Beginn des Batteriebetriebes.

*a) Übergang vom Lade- zum Batteriebetriebe.*
*b) Übergang vom Maschinen- zum Batteriebetriebe.*

Der Übergang vom Lade- zum Batteriebetriebe ist schon unter II 3 a auf Seite 123 beschrieben.

Um vom Maschinen- zum Batteriebetriebe überzugehen, braucht man nur, nachdem unter Stellung des Voltmeterumschalters $U_2$ auf $A$ (Akkumulator) mit dem Ladehebel $Z_l$ die normale Lichtspannung eingestellt und dann der Entladehebel auf denselben Zellenkontakt geschoben ist, $U_1$ von $M$ nach $A$ und dann auch $U_2$ wieder nach $L$ zu drehen. Der Stromrichtungszeiger *Str.* wird dann auf $E$ (Entladung) zeigen, wobei die Spannung des Batteriestromes bei $V$ und die Stärke desselben bei $A_2$ zu erkennen ist.

Während der Umschaltung nach $A$ entsteht eine Lichtschwankung, die nicht zu vermeiden ist.

#### 3. Beendigung des Batteriebetriebes.

*a) Übergang vom Batterie- zum Ladebetriebe.*
*b) Übergang vom Batterie- zum Maschinenbetriebe.*

Der Übergang vom Batterie- zum Ladebetriebe wurde schon unter II 2 b auf Seite 123 besprochen.

---

[1]) Vergl. Anmerkung S. 85.

Aber auch der Übergang vom Batterie- zum Maschinenbetriebe fand schon, und zwar unter II 3 b „*Übergang vom Lade- zum Maschinenbetriebe*", auf Seite 123, Erläuterung, weil man, um vom Lade- zum Maschinenbetriebe überzugehen, erst Batteriebetrieb herstellt und von diesem aus dann den reinen Maschinenbetrieb einleitet.

Man läfst die Maschine unter Stellung des Voltmeterumschalters $U_2$ auf $M$ (Maschine) bis auf die Lichtspannung anlaufen (durch Regulieren bei $R$) und schaltet hierauf $U_1$ von $A$ nach $M$, wodurch die Maschine die Stromlieferung übernimmt. Die Spannung des Betriebsstromes ist bei $V$ und die Stärke desselben bei $A_1$ zu erkennen.

Während der Umschaltung entsteht eine Lichtschwankung, die nicht zu vermeiden ist.

## Schaltung III.
### Für Anlagen mit Zusatzmaschine.
## 24. Gesamterläuterungen.

Licht- und Kraftanlagen, die auch während der Ladung einen stärkeren Betriebsstrom im Leitungsnetze benötigen, als bei Verwendung einer Doppelspannungsmaschine mit Doppel-Zellenschalter zulässig ist (s. Seite 94), oder deren Dynamomaschine den zur Ladung erforderlichen Spannungszuschlag nicht liefern kann, arbeiten vorteilhaft mit Zusatzdynamo. Über die Art und Schaltung der Zusatzmaschinen im allgemeinen, sowie über die Hauptvorteile ihrer Verwendung siehe S. 13—16.

Die Hauptmaschine liefert ihren Betriebsstrom, gleichviel, ob geladen wird oder nicht, stets unter Normalspannung, und die Zusatzmaschine nur den zur Ladung erforderlichen Spannungszuschlag im Ladestromkreise, so dafs die einfach an die Klemme der Hauptmaschine angeschlossene Kraft- oder Lichtleitung selbst während der Ladung zur Konstanthaltung ihrer Spannung keiner besonderen Reguliervorrichtung, wie etwa eines Entlade-Zellenschalters oder eines Widerstandes bedarf. Deshalb ist auch in Anlagen mit Zusatzdynamo kein Doppel-Zellenschalter erforderlich, sondern es genügt die Verwendung eines Einfach-Zellenschalters, mit

24. Gesamterläuterungen. 127

dem man sowohl die fertig geladenen Zellen von der Batterie abtrennen, als auch dieselbe bei der später folgenden Entladung wieder zuschalten kann. Die Möglichkeit der Verwendung eines Einfach-Zellenschalters bietet den weiteren Vorteil, nur wenig Schaltzellen und damit wieder entsprechend wenig Kupfer für die Schaltzellenleitung zu benötigen, so dafs die durch Hinzufügung der Zusatzdynamo anderen Anlagen gegenüber entstehenden Mehrkosten zum Teil wieder aufgehoben werden. Dessenungeachtet finden aber auch in Anlagen mit Zusatzmaschine mitunter Doppel-Zellenschalter Verwendung, wenn man weniger Wert auf die Ermäfsigung des Anlagekapitals legt, als auf das Vorhandensein einer Momentreserve (s. Seite 58) und auf die Möglichkeit, stets, auch während der Ladung etwa entstehende Stromstöfse und Schwankungen der Hauptmaschine durch die Batterie begleichen zu können. An und für sich ist aber in Anlagen mit Zusatzmaschine sowohl eine Momentreserve, wie auch die Regulierwirkung der Batterie eher zu entbehren, als in Betrieben mit Doppelspannungsmaschine, einmal, weil die gewöhnlich verhältnismäfsig gröfseren Betriebsmaschinen der ersteren weniger empfindlich gegen Stromstöfse, dann aber auch, seltener Betriebsstörungen unterworfen sind, als die kleinen Maschinen der letzteren.

Bei Anlagen mit Zusatzmaschinen hängt die Möglichkeit der Herstellung des Parallelbetriebes aufser von der Gröfse der Batterie noch von der Schaltungsart der Hauptmaschine ab, weil in Betrieben dieser Art nicht nur Nebenschlufs-, sondern auch Compoundmaschinen Verwendung finden. Die ersteren werden im allgemeinen in grofsen Lichtanlagen vorgezogen, einerseits, weil diese Maschinen auch während des Ladebetriebes mit gutem Wirkungsgrade arbeiten, und anderseits, weil die bei derartigen Anlagen entstehenden Belastungsänderungen nur schwach sind und im normalen Betriebe so selten vorkommen, dafs sie durch den Schalttafelwärter mit Hilfe des Nebenschlufsregulators ohne grofse Mühe beglichen werden können.

In Kraftanlagen dagegen, sowie auch in kombinierten Licht- und Kraftbetrieben, werden vorzugsweise Compoundmaschinen[1]) verwendet, weil die dort betriebsmäfsig durch das häufige Ein- und Ausrücken von Motoren auftretenden Belastungsänderungen der Maschine so oft einander folgen und von so grofsem Umfange sind, dafs sie mit dem Nebenschlufsregulator allein nicht mehr ausgeglichen werden können — wenigstens nicht ohne eine fortwährende, sehr zeitraubende, ja eine Person für sich in Anspruch nehmende Regulierung gewärtigen zu müssen.

## 1. Schema III Ng.
### Für Nebenschlufsmaschine, Zusatzdynamo und grofse Batterie.

Parallelbetrieb ist zulässig.
Während der Ladung dürfen Lampen brennen.

## 25. Erläuterungen.

Diese Schaltung mit Nebenschlufsmaschine, die in Fig. 69 unter Einfügung aller für den praktischen Betrieb erforderlichen Mefs- und Schaltapparate schematisch dargestellt ist, findet besonders in gröfseren Lichtanlagen Verwendung, die stets, auch während der Ladung, viel Lichtstrom, aufserdem aber während der Hauptbetriebszeit eine Unterstützung der Maschine durch die Batterie (Parallelbetrieb) erfordern. Sie gestattet, das Lichtnetz entweder von der Maschine oder von der Batterie, oder von beiden gemeinschaftlich speisen zu lassen, gestattet einen Ausgleich eventueller Lichtschwankungen durch die Batterie herbeizuführen, wie auch endlich eine Ladung unter gleichzeitiger, an Stärke unbeschränkter[2]) Stromabgabe in das Leitungsnetz. Während der Ladung mufs, da kein Doppel-Zellenschalter vorhanden ist, auf eine Momentreserve, sowie auf die damit verbundene Regulierwirkung der Batterie verzichtet werden.

Die Verwendung einer Nebenschlufsmaschine ist erwünscht

---

[1]) Dies gilt natürlich nicht für Stadtcentralen, sondern nur für gröfsere Fabrikbetriebe, Blockanlagen etc.
[2]) An Stärke unbeschränkt im vollen Sinne des Wortes ist diese Stromabgabe natürlich auch nicht, denn sie wird stets abhängig bleiben von der Gesamtleistungsfähigkeit der Maschine und Batterie, aber dieses Wort soll andeuten, dafs die bezügliche Stromabgabe nicht durch besondere Umstände, wie bei Doppel-Zellenschaltern durch die leicht eintretende Zellenüberlastung, beschränkt ist.

und auch statthaft, ersteres, um auf möglichst einfache Art Parallelbetrieb herstellen zu können, letzteres, weil die beim normalen Betriebe entstehenden Schwankungen und Stromstöfse nur so schwach und von so geringem Umfange sind, dafs sie ohne grofse Belästigung vom Schalttafelwärter mit dem Nebenschlufsregulator beglichen werden können.

In Fig. 69 stellt $M_1$ die Betriebsmaschine mit ihren Nebenschlufswindungen $Nb_1$ und dem Nebenschlufsregulator $R_1$ dar, $B$ von $A+$ bis $A-$ die Batterie, in deren Stromkreise sowohl die Batteriesicherung $s_3$, der Stromrichtungszeiger $Str.$ und das Ampèremeter $A_2$, als auch der Einfach-Zellenschalter $Z$ liegen. Letzterer ist einerseits durch den sog. Ladestromkreis, der die Zusatzdynamo $M_2$ mit ihren Sicherungen $s_4$ und $s_5$ und den Min.-Automaten $SA_2$ enthält, mit der Hauptmaschine verbunden, anderseits aber auch durch die Leitung $Zc$ an die zum Lichtnetze $N$ führende äufsere Verbindungsleitung angeschlossen. Im Stromkreise der Hauptmaschine liegt aufser den Maschinensicherungen $s_1$ und $s_2$ nur noch das Ampèremeter $A_1$ und der Min.-Automat $SA_1$, so dafs nach Einrücken des letzteren der Hauptmaschinenstrom ungehindert über die äufsere Verbindungsleitung $a$, $x$ und $b$ zum Lichtnetze $N$ und über $cd$ zur Maschine $M_1$ zurückfliessen kann. Um die Batterie während der Ladung vom Lichtnetze $N$ abschalten zu können, ordnet man in der Entladeleitung $Zc$ noch einen Ausschalter $a_1$ an. Der Voltmeterumschalter $U_2$ hat nicht drei, sondern vier Kontakte, die mit $M_1$, $M_2$, $A$ und $L$ bezeichnet, an Maschine 1, Maschine 2, den Zellenschalter und die Lichtleitung angeschlossen sind, um eine entsprechende Spannungsmessung zu ermöglichen. Oder man verwendet zwei Voltmeter, deren eines dauernd an der Lichtleitung liegt, während das andere durch einen gewöhnlichen dreikontaktigen Voltmeterumschalter, je nach Wunsch mit $M_1$, $M_2$ oder $A$ verbunden werden kann. Wie gewöhnlich, ist auch hier ein doppelpoliges Voltmeter nur dann erforderlich, wenn in der positiven Maschinenleitung, also etwa zwischen $M_1+$ und $A_1$ ein Hauptausschalter gelegt wird. Für die Hauptmaschine ist, wie gewöhnlich, Selbsterregung (s. S. 59) angenommen, während die Zusatzmaschine ihren Erregestrom von der Hauptmaschine aus erhält, zu welchem Zwecke der einerseits mit der Schenkelwickelung der Zusatzmaschine in Verbindung stehende Nebenschlufsregulator nicht an den positiven Pol der Zusatzmaschine $M_2+$, sondern an den der Hauptmaschine $M_1+$ angeschlossen ist.

In Fig. 69 sind die Spannungs- und Stromverhältnisse, wie auch die Schalterstellungen für den Ladebetrieb einer 110 voltigen Lichtanlage eingezeichnet, so, dafs bei Verwendung einer Batterie von 60 Zellen neben dem Ladestrome von 100 Amp. momentan noch 150 Amp. im Lichtnetze verbraucht werden.

Beide Maschinen $M_1$ und $M_2$ sind in Betrieb und ihre Min.-Automaten $SA_1$ und $SA_2$ geschlossen. Dabei läuft $M_1$ unter Normalspannung, während $M_2$ nur den zur Ladung gerade erforderlichen Spannungszuschlag im Ladestromkreise $Z \ldots M_1-$ erzeugt. Wenn angenommen wird, dafs nach der Abschaltung der ersten sechs Zellen ($Z$ steht also auf Zelle 7) eine momentane Ladespannung von ca. 2,5 Volt pro Element zur Ladung erforderlich ist, so benötigen die 54 noch im Ladestromkreise liegenden Zellen eine Ladespannung von $54 \cdot 2,5 = \sim 135$ Volt, so dafs die Zusatzmaschine augenblicklich noch 25 Volt als Spannungszuschlag zum Lichtstrome liefern mufs. Licht- und Ladestrom von zusammen 250 Amp. fliefsen vom positiven Maschinenpole $M_1+$ aus gemeinsam über Leitung $a$ und das Ampèremeter $A_1$ nach Punkt $x$, teilen sich hier, indem der Lichtstrom von 150 Amp. über $b$ nach dem Lichtnetze $N$ und von da aus, bei Öffnung des Schalters $a_1$ über $cd$ und den Min.-Automaten $SA_1$ zur Maschine zurückfliefst, während der Ladestrom von 100 Amp. über das Batterieampèremeter $A_2$, den Stromrichtungszeiger $Str.$ und die Sicherung $s_3$ zur Batterie fliefst, um über den Zellenschalter $Z$ und die Zusatzmaschine mit ihrem Automaten $SA_2$ zur Hauptmaschine zurückzukehren.

25. Erläuterungen. 131

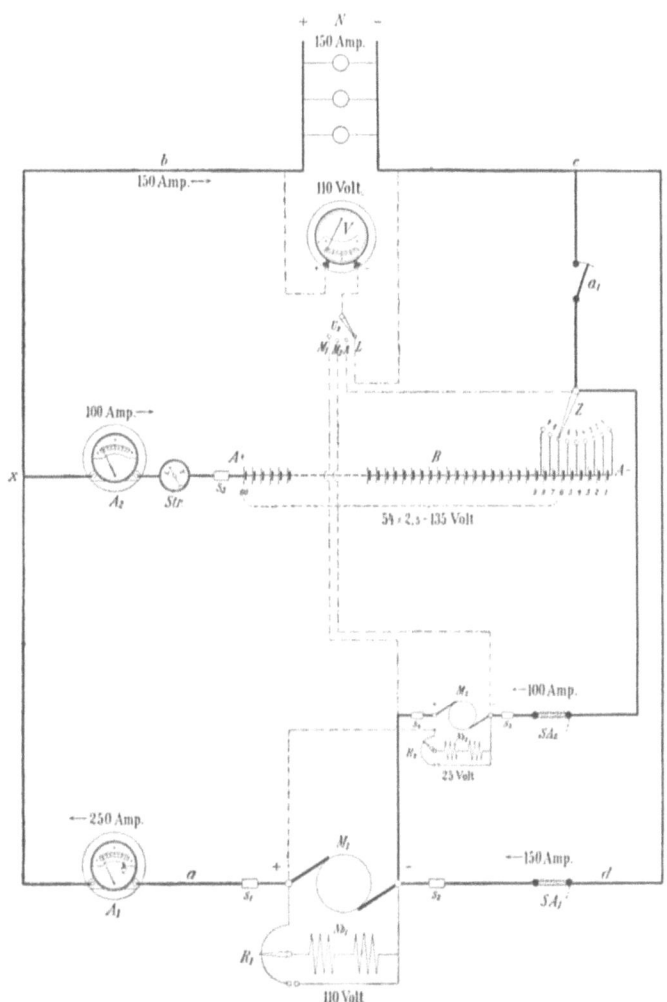

Fig. 69.

**Schema III N g.**

**Mit Nebenschlufsmaschine, Zusatzdynamo und grofser Batterie.**

Parallelbetrieb ist zulässig.
Während der Ladung dürfen Lampen brennen.

9*

## 26. Betriebsvorschriften.
(Fig. 69.)

#### I. Maschinenbetrieb.

1. Allgemeines.

Die Maschine $M_1$ ist unter Normalspannung in Betrieb, ihr Min.-Automat $SA_1$ und die erforderlichen Leitungsschalter sind geschlossen und der Ausschalter $a_1$ geöffnet. Die Betriebsstromstärke ist bei $A_1$ und die Netzspannung unter Stellung des Voltmeterumschalters $U_2$ auf $L$ (Leitung) bei $V$ abzulesen und durch den Nebenschlufsregulator $R_1$ konstant zu halten.

2. Beginn des Maschinenbetriebes.

*Übergang vom Batterie- zum Maschinenbetriebe.*

Bis zur Inbetriebsetzung der Hauptmaschine wird, einerlei zu welcher Zeit dieselbe erfolgt, stets die Batterie den Betriebsstrom liefern, weshalb bei Stellung des Voltmeterumschalters $U_2$ auf $L$ (Leitung) und des Zellenschalters $Z$ auf den der Lichtspannung entsprechenden Kontakt, nur der Ausschalter $a_1$ geschlossen ist.

Um die Hauptmaschine zuzuschalten, läfst man sie, unter Stellung des Voltmeterumschalters $U_2$ auf $M_1$ (Maschine 1) bis zur Lichtspannung anlaufen, läfst hierauf durch Einrücken des Min.-Automaten $SA_1$ den Lichtstrom von Maschine und Batterie momentan gemeinschaftlich liefern (Parallelbetrieb) und geht dann erst durch Öffnen des Ausschalters $a_1$ zum reinen Maschinenbetriebe über.

Unter diesen Verhältnissen reinen Maschinenbetrieb herzustellen, hat wenig Zweck — es müfste denn eine Momentreserve, des ruhigen und sicheren Ganges der Maschine wegen, durchaus nicht erforderlich, und die Maschinen nur schwach belastet sein. — Vielmehr wird man, wenn nach Zuschaltung der Maschine nicht geladen werden soll, den Schalter $a_1$ nicht öffnen, d. h. Parallelbetrieb, der ja auf ein Minimum reduziert werden kann, beibehalten.

3. Beendigung des Maschinenbetriebes.

*Übergang vom Maschinen- zum Batteriebetriebe.*

Wenn der Lichtstrom wieder bis auf die maximale Entladestromstärke[1]) der Batterie gesunken und eine Ladung nicht mehr

---

[1]) Vergl. Anmerkung S. 85.

26. Betriebsvorschriften, II. Ladebetrieb. 133

erforderlich ist, kann man die Maschine abschalten und der Batterie die weitere Versorgung des Lichtnetzes mit Betriebsstrom überlassen.

Zu diesem Zwecke ist, unter Stellung des Voltmeterumschalters $U_2$ auf $A$ (Akkumulator) mit dem Zellenschalterhebel $Z$ die Lichtspannung herzustellen, dann $a_1$ zu schliefsen und hierauf erst die Maschine durch allmähliches Vermindern ihrer Spannung zu entlasten, bis sie durch ihren Min.-Automaten $SA_1$ gänzlich vom Lichtnetze abgeschaltet wird. Dann mufs $Str.$ auf $E$ (Entladung) zeigen, die Lichtspannung unter Stellung des Voltmeterumschalters $U_2$ auf $L$ (Leitung) bei $V$ und die Entladestromstärke bei $A_2$ zu erkennen sein.

Zum Beginn wie auch zur Beendigung des Maschinenbetriebes gehören zwar wohl noch andere Betriebsübergänge wie diejenigen vom oder zum Lade- und Parallelbetriebe, doch finden sich diese nachstehend unter Lade- oder Parallelbetrieb erläutert.

## II. Ladebetrieb.

### 1. Allgemeines.

Die Ladung darf zu allen Zeiten erfolgen, mufs aber unterbrochen werden, wenn durch wachsenden Lichtverbrauch die Maximalbelastung der Maschine überschritten wird.

Die Anzahl der während der Ladung im Lichtnetze zu brennenden Lampen ist nur von der Leistungsfähigkeit der Maschine abhängig.

Zur Zeit des Ladebetriebes sind beide Maschinen $M_1$ und $M_2$, von denen die erstere die Licht- und die letztere die jeweilig für die Ladung erforderliche Zuschlagsspannung liefert, in Betrieb, ihre Min.-Automaten $SA_1$ und $SA_2$ geschlossen und der Ausschalter $a_1$ geöffnet. Der Zellenschalter $Z$ steht auf der dem augenblicklichen Grade der Ladung entsprechenden Zelle, der Voltmeterumschalter $U_2$ auf $L$ (Leitung) und $Str.$ auf $L$ (Ladung), $V$ giebt die Lichtspannung, $A_2$ die Lade- und $A_1$ die gesamte Maschinenstromstärke zu erkennen.

### 2. Beginn des Ladebetriebes.

*a) Übergang vom Maschinen- zum Ladebetriebe.*

Dieser Betriebsübergang ist von Wichtigkeit und findet täglich Verwendung, weil es, um Laden zu können, stets erforderlich ist, erst Maschinenbetrieb herzustellen.

Behufs Übergang vom Maschinen- zum Ladebetriebe ist zunächst durch Drehen des Zellenschalters auf Kontakt *1* und gleichzeitige Stellung des Voltmeterumschalters $U_2$ auf $A$ (Akkumulator) die Gesamtakkumulatorenspannung (abgelesen an $V$) zu messen, hierauf die Zusatzmaschine in Betrieb zu setzen und dieselbe durch Einschalten ihres Regulators $R_2$ zu erregen. Sobald nun, unter Stellung des Voltmeterumschalters $U_2$ auf $M_2$ die bei $V$ abzulesende Gesamtspannung der Haupt- und Zusatzmaschine die soeben gemessene Akkumulatorenspannung um ca. 5—10 Volt übersteigt, wird man durch Einrücken des Min.-Automaten $SA_2$ (s. unter 16 II 2 a, S. 79—80) den Ladestromkreis schliefsen und hierauf durch entsprechendes Erhöhen der Zusatzmaschinenspannung durch $R_2$ die Ladestromstärke auf die vorschriftsmäfsige Höhe bringen. Unter nunmehriger Stellung des Voltmeterumschalters $U_2$ auf $L$ (Leitung) wird die Lichtspannung, wie gewöhnlich, bei $V$ abgelesen, während $A_2$ die Stärke des Ladestromes, $A_1$ die des gesamten Maschinenstromes (Lade- und Lichtstrom) erkennen läfst und *Str.* auf $L$ (Ladung) zeigen mufs. Dem Steigen der Akkumulatorenspannung entsprechend, ist auch, da die Hauptmaschine mit konstanter Spannung weiterläuft, die Klemmenspannung der Zusatzmaschine nach und nach durch Regulieren an $R_2$ zu erhöhen. Die Abschaltung fertig geladener Zellen, sowie die jedesmalige Regulierung der Ladestromstärke wird in üblicher Weise durchgeführt.

*b) Übergang vom Parallel- zum Ladebetriebe.*

Dieser Betriebsübergang wird unter III 3 b auf Seite 137 näher erläutert.

3. Beendigung des Ladebetriebes.

*a) Übergang vom Lade- zum Maschinenbetriebe.*

Wenn die Ladung beendet ist, oder durch den wachsenden Lichtverbrauch die Leistungsfähigkeit der Maschine überschritten wird, geht man zum Maschinenbetriebe über.

Zu diesem Zwecke braucht man nur durch Vermindern

26. Betriebsvorschriften, III. Parallelbetrieb. **135**

der Zusatzmaschinenspannung den Ladestrom nach und nach sinken zu lassen, bis der Min.-Automat $SA_2$ der Zusatzmaschine die Batterie selbstthätig abschaltet, wodurch dann nur noch reiner Maschinenbetrieb übrigbleibt. Die Zusatzmaschine ist hierauf still zu setzen, und der Zellenschalter auf Zelle *1*, besser noch auf den der Lichtspannung entsprechenden Kontakt zu stellen, damit die Batterie bei etwa plötzlicher Betriebsstörung durch Schliefsen von $a_1$ sofort wieder Strom unter Normalspannung liefern kann.

Wie schon früher des öfteren dargethan, wird man auch hier diesen reinen Maschinenbetrieb nicht vorzugsweise herstellen, denn, ohne Vorteile zu bieten, nimmt man dem Betriebe durch Abschaltung der Batterie deren stets angenehm wirkende Regulierfähigkeit, wie sie auch nicht in der Lage ist, bei plötzlichen Betriebsstörungen als Momentreserve in Wirksamkeit treten zu können. Deshalb wird man auch hier gewöhnlich den Schalter $a_1$ schliefsen, reguliert aber die Spannungsverhältnisse so, dafs die Batterie weder Strom liefert, noch solchen empfängt, so dafs in Wirklichkeit ja auch Maschinenbetrieb vorhanden ist, wenn auch die Batterie in Berührung mit dem Leitungsnetze geblieben ist.

*b) Übergang vom Lade- zum Parallelbetriebe.*

Dieser Betriebsübergang findet, als zum Parallelbetriebe gehörig, unter III 2 a auf Seite 136 Erläuterung.

### III. Parallelbetrieb.

#### 1. Allgemeines.

Parallelbetrieb ist herzustellen, sobald der Strombedarf des Leitungsnetzes die maximale Leistungsfähigkeit der Maschine zu übersteigen beginnt, oder wenn die Batterie zur Begleichung auftretender Spannungsschwankungen herangezogen werden soll.

Die erforderlichen Leitungsschalter, sowie $SA_1$ und $a_1$ sind geschlossen, der Voltmeterumschalter $U_2$ steht auf $L$ (Leitung), $Z$ auf dem der Normalspannung entsprechenden Kontakte und *Str.* gewöhnlich auf $E$ (Entladung). Indem die Zusatzmaschine $M_2$ aufser Betrieb und ihr Min.-Automat $SA_2$ geöffnet ist, läuft $M_1$ unter Normalspannung, ihre Stromstärke kann bei $A_1$, die der Batterie bei $A_2$ und die Netzspannung bei $V$ abgelesen werden. Während letztere durch den Zellenschalter konstant gehalten wird, ist die Belastung der Hauptmaschine durch ihren Nebenschlufsregulator $R_1$ vorschriftsmäfsig zu regulieren.

## 2. Beginn des Parallelbetriebes.

*a) Übergang vom Lade- zum Parallelbetriebe.*

In Betrieben, in denen bis zu Beginn des Hauptbetriebes geladen wird, dieser aber sofort mit beträchtlicher Stromsteigerung einsetzt, wird man vom Lade- direkt zum Parallelbetriebe übergehen.

Zu diesem Zwecke läfst man durch Vermindern der Zusatzmaschinenspannung den Ladestrom nach und nach sinken, bringt aber auch gleichzeitig unter Stellung des Voltmeterumschalters $U_2$ auf $A$ (Akkumulator) den Zellenschalterhebel $Z$ auf den der Normalspannung entsprechenden Kontakt, um, sobald die Unterbrechung des Ladestromkreises durch den Min.-Automaten $SA_2$ erfolgt ist, durch Schliefsen des Ausschalters $a_1$ den Parallelbetrieb einzuleiten. Hierauf ist $U_2$ wieder auf $L$ (Leitung) zu drehen und die Lichtspannung, wie gewöhnlich bei Parallelbetrieb, durch den Zellenschalter $Z$ konstant zu halten, während die Belastung der Maschine durch den Nebenschlufsregulator $R_1$ auf maximale Höhe zu bringen ist. Indem $Str.$ auf $E$ (Entladung) zeigt, wird die Stärke des Batteriestromes bei $A_2$, die des Maschinenstromes bei $A_1$ und die Netzspannung bei $V$ abgelesen.

*b) Übergang vom Maschinen- zum Parallelbetriebe.*

Dieser Übergang wird durch das zu starke Anwachsen des Lichtstromes bedingt, indem man die Batterie vorteilhaft zur Unterstützung der Maschine heranzieht.

Da beim Maschinenbetriebe schon $M_1$ unter Normalspannung in Gang und $SA_1$ geschlossen ist, braucht man, um Parallelbetrieb zu erhalten, nur noch unter Stellung des Voltmeterumschalters $U_2$ auf $A$ (Akkumulator) mit dem Zellenschalter $Z$ die Normalspannung herzustellen, darauf $a_1$ zu schliefsen und, wie vorher unter nunmehriger Stellung des Umschalters $U_2$ auf $L$ (Leitung) die Spannung sowohl, als auch die von Maschine und Batterie gelieferten Ströme auf der vorschriftsmäfsigen Höhe zu erhalten.

26. Betriebsvorschriften, IV. Batteriebetrieb.

### 3. Beendigung des Parallelbetriebes.

*a) Übergang vom Parallel- zum Batteriebetriebe.*

Aus dem Parallelbetriebe wird man zum reinen Batteriebetriebe nur dann überzugehen haben, wenn der Stromverbrauch im Lichtnetze sehr schnell bis auf die maximale Entladestromstärke der Batterie oder darunter gesunken ist.

Zu diesem Zwecke braucht man nur die Maschinenspannung nach und nach sinken zu lassen, wodurch sich die Batterie von selbst mehr an der Stromlieferung und die Maschine entsprechend weniger beteiligt, bis letztere, fast stromlos geworden, von ihrem Automaten $SA_1$ selbstthätig abgeschaltet wird. Auch in diesem Falle ist die Lichtspannung unter Stellung des Voltmeterumschalters $U_2$ auf $L$ (Leitung) bei $V$ abzulesen und mit dem Zellenschalter $Z$ konstant zu halten, während die Größe des Entladestromes bei Stellung des Stromrichtungszeigers $Str.$ auf $E$ (Entladung) durch $A_2$ zu erkennen ist.

*b) Übergang vom Parallel- zum Ladebetriebe.*

Nicht selten sieht man sich gezwungen, die durch den mit Entladung durchgeführten Parallelbetrieb unterbrochene Ladung nach Beendigung desselben fortzusetzen.

Dazu hat man, da $M_1$ schon in Betrieb, $SA_1$ und $a_1$ geschlossen und $Z$ auf den der Normalspannung entsprechenden Kontakt gestellt ist, zunächst $a_1$ zu öffnen und, weil dadurch reiner Maschinenbetrieb entstanden ist, nach den unter II 2 a auf Seite 133 gegebenen Vorschriften weiterzuschalten.

### IV. Batteriebetrieb.

#### 1. Allgemeines.

Batteriebetrieb darf nur solange beibehalten werden, als der Verbrauchsstrom des Lichtnetzes nicht die maximale Entladestromstärke der Batterie übersteigt.

Die erforderlichen Leitungsschalter und $a_1$ sind geschlossen, $U_2$ steht auf $L$ (Leitung), der Zellenschalterhebel $Z$ auf dem der Normalspannung entsprechenden Kontakte und $Str.$ auf $E$ (Entladung). $A_2$ läfst die Stärke des Entladestromes und $V$ dessen Spannung im Lichtnetze erkennen.

138    3. Abschnitt. Schaltung III, Schema III a N g.

2. und 3. Beginn und Beendigung des Batteriebetriebes.

Diese beiden Betriebsübergänge finden an dieser Stelle nicht besondere Erläuterung, weil in der hier besprochenen Anlage mit Zusatzmaschine lediglich der Übergang vom Maschinen- zum Batteriebetriebe oder umgekehrt vom Batterie- zum Maschinenbetriebe in Betracht kommt, deren ersterer bereits unter I 3 auf Seite 132 und deren zweiter unter I 2 ebenfalls auf Seite 132 erläutert wurde.

## 2. Schema III a N g.
**Für Nebenschlufsmaschine, Zusatzdynamo und grofse Batterie.**
(Doppel-Zellenschalter.)

Parallelbetrieb ist zulässig.
Während der Ladung dürfen Lampen brennen.
Während der Ladung ist eine Momentreserve vorhanden.

## 27. Erläuterungen.

Da, wie schon weiter oben erwähnt, mitunter auch Doppel-Zellenschalter in Anlagen mit Zusatzmaschinen Verwendung finden, sei nachstehend auch diese Anordnung näher erläutert und durch den bei der Zahl III stehenden kleinen lateinischen Buchstaben $a$ gekennzeichnet. Dieselbe erstreckt sich jedoch nicht auf den g- und k-Betrieb, sondern nur auf den ersteren, d. h. auf Anlagen mit grofser Batterie, weil kleine Batterien grofsen Maschinen nie eine genügende Momentreserve würden bieten können, ohne selbst Schaden zu erleiden.

Diese Schaltung, die in Fig. 70 unter Einfügung aller für den praktischen Betrieb erforderlichen Mefs- und Schaltapparate schematisch dargestellt ist, findet, genau wie Schaltung III N g, besonders in gröfseren Lichtanlagen Verwendung, die stets — auch während der Ladung — viel Betriebsstrom und während der Hauptbetriebszeit eine Unterstützung der Maschine durch die Batterie erfordern. Sie genügt all den Anforderungen wie Schaltung III N g, bietet aber aufserdem noch den Vorteil, dafs das Leitungsnetz durch den Entladehebel des Zellenschalters stets mit der Batterie in Verbindung steht und somit zu allen Zeiten — auch während der Ladung — eine Momentreserve vorhanden ist. Wenn

## 27. Erläuterungen.

auch die Verwendung des Doppel-Zellenschalters in einigen Fällen, z. B. bei sehr unruhig laufender Betriebsmaschine, gerechtfertigt erscheint, so wird wohl in den meisten Fällen der Vorteil der während der Ladung gewährten Spannungsregulierung (denn während der übrigen Zeiten ist ja auch mit einem Einfach-Zellenschalter Parallelbetrieb möglich) hinreichend wieder aufgehoben durch die Kosten der Schaltzellenvermehrung, wie auch durch die schwierigere Bedienung dieses Betriebes.

Wie aus Fig. 70 ersichtlich, unterscheidet sich diese Anordnung von dem Schema der Schaltung III N g (dargestellt in Fig. 69) nur dadurch, dafs die Ladeleitung sowohl, als auch die mit dem Kontaktstück $A$ (Akkumulator) des Voltmeterumschalters verbundene Voltmeterleitung nicht an den zur Lichtleitung führenden Zellenschalterhebel, sondern an den Ladehebel $Z_l$ des Doppel-Zellenschalters angeschlossen sind (vgl. hierüber auch die Text-Anmerkung auf Seite 76). Vorteilhaft, jedoch nicht unbedingt erforderlich, ist es auch — genau wie bei der auf Seite 104—107 beschriebenen Doppelzellenschalter-Anlage mit mehreren Maschinen —, in die Entladeleitung, also zwischen $Z_e$ und $c$ aufser dem Schalter $a_1$ noch einen zweiten Stromrichtungszeiger $Str._1$ einzufügen (wie in der Figur angegeben), um während der Ladung und gleichzeitigen Speisung des Lichtnetzes durch die Maschine, den Entladehebel leicht so stellen zu können, dafs der Batterie kein Strom entnommen wird.

Sobald in Anlagen mit Doppelspannungsmaschine Doppel-Zellenschalter Verwendung finden, wird reiner Maschinenbetrieb nur selten hergestellt, weil ja der Doppel-Zellenschalter erst Verwendung fand, um nie mit wirklich reinem Maschinenbetriebe arbeiten zu müssen, sondern um stets eine Momentreserve zur Verfügung zu haben. Aus diesem Grunde wird man stets während des Maschinenbetriebes den Entladehebel so einstellen, dafs er, unter Normalspannung stehend, mit dem Lichtnetze verbunden bleiben kann, ohne dafs durch ihn eine Stromabgabe an das Leitungsnetz erfolgt. Deshalb sei dieser Betrieb, bei dem die Batterie keinen und die Maschine allen Strom liefert, ausnahmsweise in den jetzt folgenden Vorschriften für Anlagen mit Zusatzmaschine und Doppel-Zellenschalter einfach als „Maschinenbetrieb" bezeichnet und der sonst unter Maschinenbetrieb verstandene reine Maschinenbetrieb überhaupt nicht erwähnt.

In Fig. 70 sind die Spannungs- und Stromverhältnisse, wie auch die Schalterstellungen für einen noch nicht lange begonnenen Ladebetrieb einer 110 voltigen Lichtanlage eingezeichnet, so, dafs bei Verwendung einer Batterie von 60 Zellen neben dem Ladestrome von 150 Amp. momentan noch 350 Amp. im Lichtnetze verbraucht werden.

Beide Maschinen $M_1$ und $M_2$ sind in Betrieb und ihre Min.-Automaten $SA_1$ und $SA_2$, wie auch der Ausschalter $a_1$ geschlossen. Da bereits zwei Zellen durch den auf Kontakt $3$ stehenden Ladehebel $Z_l$ abgeschaltet sind, und die momentane Ladespannung pro Zelle zu 2,1 Volt angenommen sei, ist für die noch im Stromkreise liegenden übrigen 58 Elemente eine Ladespannung von $58 \cdot 2{,}1 = \sim 122$ Volt erforderlich, so dafs $M_1$ mit der normalen Lichtspannung von 110 Volt läuft und die Zusatzmaschine noch einen Spannungszuschlag von 12 Volt zu liefern hat. Der Entladehebel $Z_e$ mufs nun, damit durch ihn kein Strom entnommen werde, auf den der Lichtspannung entsprechenden Kontakt gestellt werden, d. h. es dürfen zwischen $x$ und $Z_e$ nur so viele Zellen geschaltet werden, als zur Einhaltung der Normalspannung erforderlich sind. Dazu gehören $110 : 2{,}1 = \sim 52$ Zellen, so dafs $60 - 52 = 8$ Zellen abgeschaltet werden müssen, also $Z_e$ auf Kontakt $9$ zu stellen ist. Der Gesamtstrom von 500 Amp. fliefst von $M_1 +$ aus über Leitung $a$ und das Maschinenampèremeter $A_1$ nach Punkt $x$, teilt sich hier in Licht- und Ladestrom, indem 350 Amp. über $b$ nach der Lichtleitung $N$ gehen, und von da aus über $cd$ und den Min.-Automaten $SA_1$ zur Maschine zurückfliefsen, während der Ladestrom von 150 Amp. über das Batterieampèremeter $A_2$, den Stromrichtungszeiger $Str.$ und die Bleisicherung $s_3$ nach der Batterie und über den Ladehebel $Z_l$, den Min.-Automaten $SA_2$ und die Zusatzmaschine $M_2$ wieder zur Maschine $M_1$ zurückkehrt. An der

27. Erläuterungen.

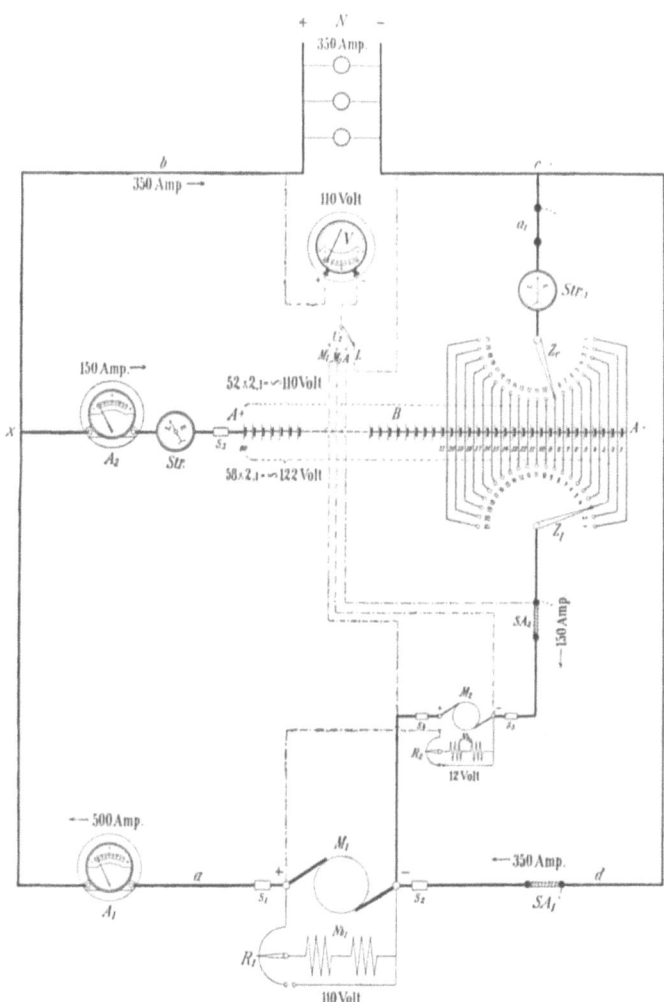

Fig. 70.

**Schema III a N g.**

**Mit Nebenschlufsmaschine, Zusatzdynamo, grofser Batterie und Doppel-Zellenschalter.**

Parallelbetrieb ist zulässig.
Während der Ladung dürfen Lampen brennen.
Während der Ladung ist eine Momentreserve vorhanden.

Nullstellung des Stromrichtungszeigers $Str._1$ ist zu erkennen, dafs die Leitung $Z_e \ldots c$ von keinem Strome durchflossen wird.

## 28. Betriebsvorschriften.
(Fig. 70.)

### I. Maschinenbetrieb.*)

1. Allgemeines.

Maschine $M_1$ ist unter Normalspannung in Betrieb, ihr Min.-Automat $SA_1$ und der Ausschalter $a_1$, sowie die erforderlichen Leitungsschalter sind geschlossen und der Entladehebel $Z_e$ so eingestellt, dafs $Str.$ und $Str._1$ weder auf Ladung noch Entladung zeigen, so dafs also die Batterie weder Strom liefert, noch solchen empfängt. Die Betriebsstromstärke ist bei $A_1$ und die Netzspannung unter Stellung des Voltmeterumschalters $U_2$ auf $L$ (Leitung) bei $V$ abzulesen und durch den Nebenschlufsregulator $R_1$ konstant zu halten.

2. Beginn des Maschinenbetriebes.

*Übergang vom Batterie- zum Maschinenbetriebe.*

Bis zur Inbetriebsetzung der Hauptmaschine wird stets die Batterie den Betriebsstrom liefern, weshalb bei Stellung des Voltmeterumschalters $U_2$ auf $L$ (Leitung) und des Zellenschalterhebels $Z_e$ auf den der Lichtspannung entsprechenden Kontakt nur der Ausschalter $a_1$ geschlossen ist.

Um nun die Maschine zuzuschalten, läfst man sie unter Stellung des Voltmeterumschalters $U_2$ auf $M_1$ (Maschine 1) auf die Lichtspannung anlaufen, läfst hierauf durch Einrücken des Min.-Automaten $SA_1$ den Lichtstrom von Maschine und Batterie momentan gemeinsam liefern, um dann den Entladehebel des Zellenschalters so einzustellen, dafs eine Entladung nicht stattfindet, die Stromrichtungszeiger $Str.$ und $Str._1$, also weder auf $L$ noch auf $E$ zeigen, und infolgedessen die Maschine die gesamte Stromlieferung allein übernimmt.

3. Beendigung des Maschinenbetriebes.

*Übergang vom Maschinen- zum Batteriebetriebe.*

Wenn, vielleicht in späten Abendstunden, der Strombedarf des durch die Maschine gespeisten Lichtnetzes bis auf die maxi-

---

*) Beachte den gesperrten Text S. 139 und 140.

male[1]) Entladestromstärke der Batterie oder darunter gesunken ist, kann man die Maschine entlasten und der Batterie die weitere Stromlieferung überlassen.

Dies geschieht durch allmähliches Verringern der Klemmenspannung, bis, unter gleichzeitiger Konstanthaltung der Lichtspannung durch den Zellenschalter $Z_e$, der Automat $SA_1$ den Stromkreis selbstthätig unterbricht, also durch Abschaltung der Maschine vom Lichtnetze reinen Batteriebetrieb einleitet. Dabei ist die Lichtspannung unter Stellung von $U_2$ auf $L$ (Leitung) bei $V$ und die Entladestromstärke der Batterie bei $A_2$ abzulesen, wobei *Str.* und *Str.*$_1$ auf $E$ (Entladung) zeigen.

Auch in diesem Falle gehören zum Beginn und zur Beendigung des Maschinenbetriebes noch andere Betriebsarten, doch finden sich diese unter Lade- oder Parallelbetrieb erläutert.

## II. Ladebetrieb.

### 1. Allgemeines.

Die Ladung darf zu allen Zeiten erfolgen, muſs aber unterbrochen werden, wenn durch wachsenden Lichtverbrauch die Maximalbelastung der Maschine überschritten wird. Die Anzahl der während der Ladung im Lichtnetze zu brennenden Lampen ist nur von der Leistungsfähigkeit der Maschine $M_1$ abhängig.

Zur Zeit des Ladebetriebes sind beide Maschinen $M_1$ und $M_2$, von denen die erstere die Licht- und die letztere die jeweilig für die Ladung erforderliche Zuschlagspannung liefert, in Betrieb, und ihre Min.-Automaten $SA_1$ und $SA_2$ sowie der Ausschalter $a_1$ geschlossen. Der Ladehebel steht auf der dem augenblicklichen Grade der Ladung erforderlichen Zelle, der Voltmeterumschalter $U_2$ auf $L$ (Leitung), *Str.* auf $L$ (Ladung) und *Str.*$_1$ weder auf $L$ noch auf $E$. $V$ giebt die Lichtspannung, $A_2$ die Lade- und $A_1$ die gesamte Maschinenstromstärke zu erkennen.

### 2. Beginn des Ladebetriebes.

*a) Übergang vom Maschinen- zum Ladebetriebe.*

Wenn eben noch Maschinenbetrieb vorhanden, ist $M_1$ unter Normalspannung in Gang, $SA_1$ und $a_1$ geschlossen und der Ent-

---
[1]) Vgl. Anmerkung Seite 85.

**144**  3. Abschnitt. Schaltung III, Schema IIIaNg.

ladehebel auf den der Normalspannung entsprechenden Kontakt gestellt. Die Einleitung der Ladung kann nun, genau wie früher bei Verwendung eines Doppel-Zellenschalters (s. Seite 96—100) „normal" oder „schwankungsfrei" erfolgen.

*α*) Normaler Übergang zum Ladebetriebe.

Unter Stellung des Ladehebels $Z_l$ auf Zelle *1* und unter Drehung des Voltmeterumschalters $U_2$ auf *A* (Akkumulator) ist die Gesamtakkumulatorenspannung zu messen, dann die Zusatzmaschine in Betrieb zu setzen und durch Einschalten von $R_2$ zu erregen. Erst wenn die Gesamtspannung beider Maschinen (unter Stellung des Voltmeterumschalters $U_2$ auf $M_2$ an *V* abgelesen) die soeben gemessene Batteriespannung um ca. 5—10 Volt übersteigt, wird der Ladestromkreis durch Einrücken des Min.-Automaten $SA_2$ geschlossen (s. unter 16 II 2 a, Seite 99—100), wodurch der Stromrichtungszeiger *Str.* auf *L* (Ladung) zeigt. Gleichzeitig sind durch den Entladehebel $Z_e$ so viele Zellen von der Batterie abzuschalten, dafs die Entladeleitung von keinem Strome durchflossen wird, dafs also der in der Entladeleitung liegende Stromrichtungszeiger $Str._1$ weder auf *L* noch auf *E* zeigt. Dem Steigen der Akkumulatorenspannung entsprechend, ist auch hier, da die Hauptmaschine mit konstanter Spannung weiterläuft, die Klemmenspannung der Zusatzmaschine nach und nach durch Regulieren an $R_2$ zu erhöhen, stets aber wieder durch Abschalten entsprechend vieler Zellen die „Stromlosigkeit" der Entladeleitung $Z_e \ldots c$ herzustellen. Die Abschaltung fertig geladener Zellen, sowie die jedesmalige Regulierung der Ladestromstärke wird in üblicher Weise durchgeführt.

*β*) Schwankungsfreier Übergang zum Ladebetriebe (vgl. Seite 99).

Die soeben beschriebene Methode hat, wie schon früher erwähnt, den Nachteil, dafs beim Einschalten des Automaten im Lichtnetze eine Schwankung hervorgerufen wird. Zur Erzielung eines vollständig ruhigen Betriebsüberganges hat man zu schalten wie folgt:

Nachdem der Ladehebel auf gleichen Kontakt mit dem Entladehebel, und die Zusatzmaschine, ohne sie jedoch zu er-

28. Betriebsvorschriften, II. Ladebetrieb.

regen, auf ihre normale Tourenzahl gebracht worden ist, schliefst man durch Einrücken des Min.-Automaten $SA_2$ den Ladestromkreis, in dem jedoch noch kein Strom entstehen kann, weil vorläufig Maschinen- und Batteriespannung noch gleich sind. Nun erst erregt man die Zusatzmaschine nach und nach und leitet durch allmähliches Steigern ihrer Spannung die Ladung ein, die ihrerseits wieder durch Einschalten aller Zellen in den Ladestromkreis (allmähliches Drehen des Ladehebels auf Zelle *1*) über die gesamte Batterie ausgedehnt wird.

Der Hebel des Min.-Automaten $SA_2$ darf bis zum genügenden Anwachsen der Ladestromstärke von Hand gehalten werden. Die Abschaltung der fertig geladenen Zellen ist genau so, wie bei „normalem Übergange zur Ladung" zu regeln.

Dieser Betriebsübergang ist, wenn viel Wert auf tadellos ruhiges und gleichmäfsiges Licht gelegt wird, zu empfehlen, denn er geschieht vollständig ruhig und unbemerkbar. Es mufs aber stets darauf geachtet werden, dafs der Ladehebel beim Einschalten des Automaten auch wirklich auf dem der Lichtspannung entsprechenden Zellenkontakte steht, was sich ja leicht ohne Messung bewerkstelligen läfst, wenn man ihn einfach auf den ja so wie so schon unter Ladespannung stehenden Entladehebel $Z_e$ schiebt. Sonst könnte, wenn beispielsweise die Spannung der vom Ladehebel eingeschalteten Zellen die Maschinenspannung übertreffen würde, die Maschine ohne weiteres Rückstrom aus der Batterie erhalten.

*b) Übergang vom Parallel- zum Ladebetriebe.*

Dieser Betriebsübergang findet, als zum Parallelbetriebe gehörig, unter III 3 b auf Seite 147 nähere Erläuterung.

### 3. Beendigung des Ladebetriebes.

*a) Übergang vom Lade- zum Maschinenbetriebe.*

Je nach den Betriebsverhältnissen einer Anlage wird man, entweder nach Beendigung der Ladung, oder wenn der stärker werdende Lichtstrom die Weiterladung der Batterie verbietet, zum Maschinenbetriebe übergehen.

Um die Ladung zu beenden, braucht man nur durch Vermindern der Zusatzmaschinenspannung den Ladestrom nach und nach sinken zu lassen, bis der Min.-Automat $SA_2$ der Zusatzmaschine den Ladestromkreis selbstthätig unterbricht, wodurch dann nur noch Maschinenbetrieb übrig bleibt.

**146**   3. Abschnitt. Schaltung III, Schema III a N g.

Die Zusatzmaschine ist hierauf stillzusetzen, der Ladehebel auf Zelle *1* und der Entladehebel so einzustellen, dafs $Str._1$, weder auf $L$ noch $E$ zeigend, von keinem Strome durchflossen wird. Unter Stellung des Voltmeterumschalters $U_2$ auf $L$ (Leitung) ist die Netzspannung bei $V$ und die Maschinenstromstärke bei $A_1$ abzulesen.

*b) Übergang vom Lade- zum Parallelbetriebe.*

Dieser Betriebsübergang findet unter III 2 b auf Seite 147 nähere Erläuterung.

### III. Parallelbetrieb.
#### 1. Allgemeines.

Die Schalterstellungen sind hier bis auf die Bedienung des Zellenschalter-Ladehebels genau so wie bei einer Zusatzmaschine mit Einfach-Zellenschalter.

$M_1$ ist unter Normalspannung in Betrieb, ihr Min.-Automat $SA_1$ sowie $a_1$ und die erforderlichen Leitungsschalter sind geschlossen, der Voltmeterumschalter $U_2$ steht auf $L$ (Leitung) $Z_l$ auf Zelle *1* und $Z_e$ auf dem der Normalspannung entsprechenden Kontakte, während $Str.$ gewöhnlich auf $E$ (Entladung) zeigt. Die Maschinenstromstärke ist bei $A_1$, die der Batterie bei $A_2$ und die Netzspannung bei $V$ abzulesen.

#### 2. Beginn des Parallelbetriebes.

*a) Übergang vom Maschinen- zum Parallelbetriebe.*

Wenn der Stromverbrauch im Leitungsnetze die Maximalbelastung der Maschine übersteigt, oder wenn die Batterie zum Ausgleiche von Spannungsschwankungen herangezogen werden soll, wird man zum Parallelbetriebe übergehen.

Da schon beim Maschinenbetriebe $M_1$ in Gang, die erforderlichen Leitungsschalter, sowie $SA_1$ und $a_1$ geschlossen sind, und der Entladehebel auf dem der Lichtspannung entsprechenden Kontakte steht, braucht man nur mit Hilfe des Nebenschlufsregulators $R_1$ die Stromverteilung so zu regeln, dafs die Maschine voll belastet läuft, und die Batterie den erforderlichen Mehrbetrag an Lichtstrom liefert, wobei die Netzspannung unter Stellung von $U_2$ auf $L$ (Leitung) bei $V$

28. Betriebsvorschriften, III. Parallelbetrieb. **147**

abzulesen und durch den Entladehebel $Z_e$ konstant zu halten ist, während die Stärke des Entladestromes (*Str.* und *Str.*$_1$ auf *E*) von $A_2$ und die des Maschinenstromes von $A_1$ angezeigt wird.

*b) Übergang vom Lade- zum Parallelbetriebe.*

Behufs Übergangs aus dem Lade- zum Parallelbetriebe unterbricht man, wie unter II 3 a auf Seite 145 angegeben, den Ladestromkreis, wodurch von selbst Maschinenbetrieb entsteht, der dann seinerseits wieder, wie eben unter *a* angegeben, zum Parallelbetriebe erweitert wird.

3. Beendigung des Parallelbetriebes.

*a) Übergang vom Parallel- zum Maschinenbetriebe.*

Ebenso wie man bei Überlastung der Maschine einfach durch Erweitern des Maschinenbetriebes die Batterie zur Stromlieferung heranziehen und, wie soeben gezeigt, zum Parallelbetriebe übergehen kann, ist es auch umgekehrt möglich, bei darauffolgendem Abnehmen des Strombedarfs ohne weiteres wieder zum Maschinenbetriebe zurückzukehren.

Unter Konstanthaltung sowohl der Netzspannung durch den Entladehebel $Z_e$, als auch der Maschinenbelastung durch den Nebenschlufsregulator $R_1$, wird mit sinkendem Lichtstrome die Batterie von selbst wieder entlastet werden und schliefslich nur noch als Momentreserve dienen.

Dann ist die Netzspannung, wie gewöhnlich, bei *V* und die Maschinenstromstärke bei $A_1$ abzulesen, während *Str.* und *Str.*$_1$ weder auf *L* noch *E* zeigen dürfen.

*b) Übergang vom Parallel- zum Ladebetriebe.*

Auch hier kann man sich gezwungen sehen, die durch den Parallelbetrieb unterbrochene Ladung nach Beendigung desselben wieder fortzusetzen.

Zu diesem Zwecke braucht man nur, wie soeben unter *a* beschrieben, durch allmähliche Entlastung der Batterie gewöhnlichen Maschinenbetrieb herzustellen, um hierauf nach den unter II 2 a auf Seite 143—145 gegebenen Vorschriften diesen Maschinen- zum Ladebetriebe zu erweitern.

10*

### IV. Batteriebetrieb.

#### 1. Allgemeines.

Auch beim Batteriebetriebe sind die Schalterstellungen, bis auf die Bedienung des Zellenschalters, genau so wie bei einer Zusatzmaschinenanlage mit Einfach-Zellenschalter.

Batteriebetrieb darf nur solange beibehalten werden, als der Stromverbrauch des Lichtnetzes nicht die maximale Entladestromstärke der Batterie übersteigt. Die erforderlichen Leitungsschalter und $a_1$ sind geschlossen, $U_2$ steht auf $L$ (Leitung), der Entladehebel $Z_e$ auf dem der Normalspannung entsprechenden Kontakte, der Ladehebel $Z_l$ auf Zelle $1$ und $Str.$ und $Str._1$ auf $E$ (Entladung), $A_2$ läfst die Stärke des Entladestromes und $V$ dessen Spannung erkennen.

#### 2. und 3. Beginn und Beendigung des Batteriebetriebes.

Beginn und Beendigung des Batteriebetriebes fanden als Übergänge vom und zum Maschinenbetriebe bereits unter I 3 und I 2 auf Seite 142 eingehend Erläuterung.

#### 3. Schema III N k.
#### Für Nebenschlufsmaschine, Zusatzdynamo und kleine Batterie.

Parallelbetrieb ist unzulässig.
Während der Ladung dürfen Lampen brennen.

### 29. Erläuterungen.

Dieser Betrieb findet sich in Fabriken und ähnlichen Anlagen, die auch am Tage viel Licht brauchen, deren Hauptmaschine zwar so grofs ist, dafs sie den Lichtbedarf zu allen Zeiten ohne Zuhilfenahme der Batterie zu decken vermag, nicht aber eine zur Ladung genügende Spannungserhöhung zuläfst. Deshalb braucht Parallelbetrieb nie hergestellt zu werden und die Batterie nicht grofs zu sein; sie wird am Tage unter Zuhilfenahme einer Zusatzmaschine geladen und erst bei Stillstand der Hauptmaschine zur Lichtlieferung eingeschaltet, um die dann noch weiter brennenden wenigen

## 29. Erläuterungen.

Bureau- und Treppenhauslampen etc. mit Strom zu versorgen.

Wie aus Fig. 71 ersichtlich, unterscheidet sich diese Anordnung von dem Schema der Fig. 69 nur dadurch, dafs die Entladeleitung $Zc$ mit dem Ausschalter $a_1$, wie auch der Min.-Automat $SA_1$ der Hauptmaschine in Wegfall gekommen sind, dafs die äufsere Verbindungsleitung $cd$ einen Umschalter $U_1$ erhalten hat, dessen Hebel direkt zur Lichtleitung (siehe Anmerkung[1]) auf Seite 87) führt, während seine Kontakte $A$ und $M$ an die Lade- resp. Maschinenleitung angeschlossen wurden, und dafs in dem Akkumulatorenstromkreise noch ein automatischer Starkstromschalter $SA_{max.}$ eingefügt ist, der die verhältnismäfsig kleine Batterie vor Überanstrengung schützen soll. Auch hier wird, wie dies schon in der Text-Anmerkung auf Seite 87 besprochen, mitunter der Max.-Automat an Stelle des Min.-Automaten $SA_2$ gelegt, so dafs letzterer ganz in Wegfall kommt, oder besser noch wird statt des Min.-Automaten $SA_2$ ein Ausschalter verwendet und dafür in die Entladeleitung zwischen $a+$ und $x$ ein Starkstromschalter eingefügt.

Der Apparat $U_1$ ist wiederum für Umschaltung mit Unterbrechung auszuführen, weil sonst die Maschine $M_1$ im Augenblicke der Umschaltung Rückstrom aus der Batterie erhalten könnte.

In Fig. 71 sind gleichzeitig die Spannungs- und Stromverhältnisse wie auch die Schalterstellungen für den nicht lange begonnenen Ladebetrieb angegeben, so, dafs bei Verwendung einer Batterie von 60 Zellen, 50 Amp. die Batterie ladend durchfliefsen, während gleichzeitig im Leitungsnetze ein Betriebsstrom von 250 Amp. zur Verfügung stehen mufs. Auch hier sei angenommen, dafs im Laufe der Ladung schon 2 Zellen abgeschaltet und demnach der Ladehebel $Z_l$ auf Zelle 3 gestellt ist. Bei Annahme einer Spannung von 2,1 Volt pro Zelle mufs dann eine Gesamtspannung von
$$58 \cdot 2,1 = \sim 122 \text{ Volt}$$
zur Verfügung stehen, so dafs die Zusatzmaschine eine Zuschlagsspannung von $122 - 110 = 12$ Volt zu liefern hat. Beide Maschinen $M_1$ und $M_2$ sind in Betrieb, die Automaten $SA_2$

150  3. Abschnitt. Schaltung III, Schema III Nk.

und $SA_{max.}$ geschlossen und $U_1$ auf $M$ (Maschine) gestellt. Der von $M_1$ über Leitung $a$ und Ampèremeter $A_1$ nach $x$ fliefsende Gesamtmaschinenstrom von 300 Amp. teilt sich bei $x$ in Licht- und Ladestrom, indem 250 Amp. von da aus über $b$ nach dem Lichtnetze $N$ fliefsen und wieder über $c$, den Ladeumschalter $U_1$ und Leitung $d$ zur Maschine $M_1$ zurückkehren, während 50 Amp. über $SA_{max.}$, $A_2$, Str. und $s_3$ nach $B$ fliefsen, um ihren Weg durch die Batterie, über den Zellenschalter $Z$, den Min.-Automaten $SA_2$ und die Zusatzdynamo $M_2$ ebenfalls zur Hauptmaschine $M_1$ zurückzunehmen.

## 30. Betriebsvorschriften.
(Fig. 71.)

### I. Maschinenbetrieb.

#### 1. Allgemeines.

Die Hauptdynamo $M_1$ ist unter Normalspannung in Betrieb, der Max.-Automat $SA_{max.}$ (siehe Anmerkung Seite 88), sowie alle erforderlichen Leitungsschalter sind geschlossen und der Umschalter $U_1$ auf $M$ (Maschine) gestellt. Die Betriebsstromstärke ist bei $A_1$ und die Netzspannung unter Stellung des Voltmeterumschalters $U_2$ auf $L$ (Leitung) bei $V$ abzulesen und durch den Nebenschlufsregulator $R_1$ konstant zu halten.

#### 2. Beginn des Maschinenbetriebes.
*Übergang vom Batterie- zum Maschinenbetriebe.*

Wenn die Batterie während der Abend- und Nachtstunden die wenigen noch im Lichtnetze brennenden Lampen mit Strom versorgt hat und am Morgen die Hauptlichtlieferung wieder übernommen werden soll, geht man vom Batterie- zum Maschinenbetriebe über.

Man läfst die Maschine bei Stellung des Voltmeterumschalters $U_2$ auf $M_1$ (Maschine 1) in üblicher Weise anlaufen, um, sobald die Normalspannung erreicht ist, den Umschalter $U_1$ von $A$ nach $M$ zu drehen und dadurch den Lichtstromkreis mit der Maschine in Verbindung zu bringen. Darauf erst dürfen die übrigen Leitungsschalter geschlossen werden.

30. Betriebsvorschriften, I. Maschinenbetrieb. **151**

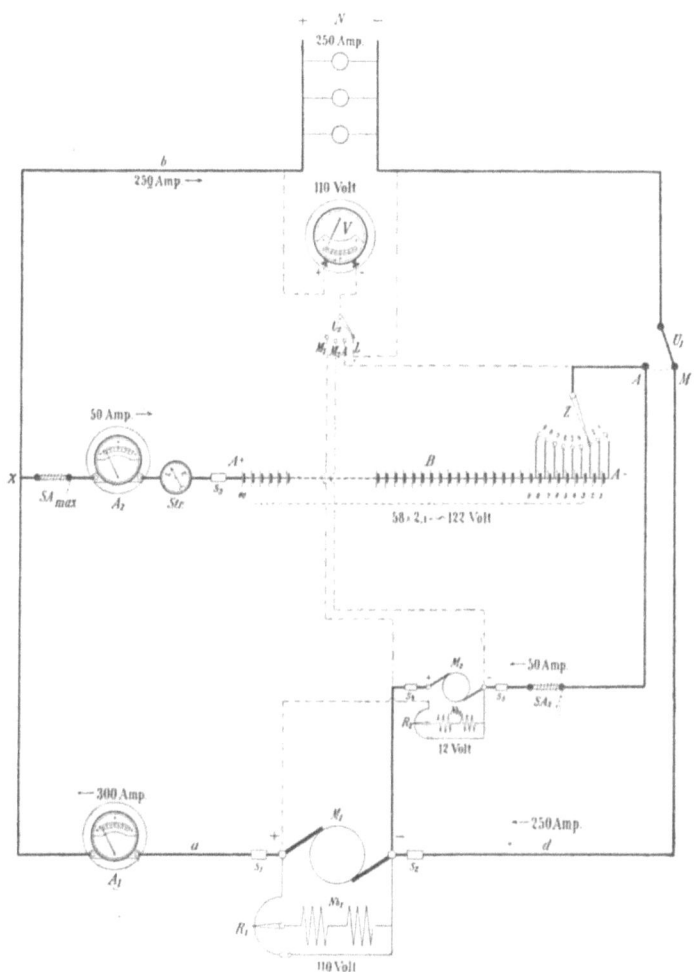

Fig. 71.

**Schema III N k.**

**Mit Nebenschlußmaschine, Zusatzdynamo und kleiner Batterie.**

Parallelbetrieb ist unzulässig.
Während der Ladung dürfen Lampen brennen.

## 3. Beendigung des Maschinenbetriebes.

*Übergang vom Maschinen- zum Batteriebetriebe.*

Wenn nach Beendigung des Hauptlichtbetriebes nur noch vereinzelte Lampen im Lichtnetze brennen, darf man zum Batteriebetriebe übergehen.

Unter Stellung des Voltmeterumschalters $U_2$ auf $A$ (Akkumulator) bringt man den Hebel $Z$ auf den der Lichtspannung entsprechenden Kontakt und schaltet hierauf $U_1$ von $M$ nach $A$, wodurch die Batterie von selbst die Stromlieferung übernimmt. $U_2$ ist alsdann wieder auf $L$ zu drehen.

Die Übergänge vom Maschinen- zum Ladebetriebe und umgekehrt vom Lade- zum Maschinenbetriebe finden sich unter Beginn oder Beendigung des Ladebetriebes näher erläutert.

## II. Ladebetrieb.

### 1. und 2. Allgemeines und Beginn des Ladebetriebes.

Die Ladung darf zu allen Zeiten erfolgen, muſs aber unterbrochen werden, wenn die Hauptmaschine durch wachsenden Lichtverbrauch überlastet wird. Die Anzahl der während der Ladung im Lichtnetze zu brennenden Lampen ist nur an die Leistungsfähigkeit der Hauptmaschine gebunden. Der Übergang vom Maschinen- zum Ladebetriebe ist wichtig, denn er findet täglich Verwendung.

Die Ladung selbst sowohl, wie auch die Einleitung derselben aus dem Maschinenbetriebe gestaltet sich wie bei Anlage III Ng; statt des hier in Wegfall gekommenen Min.-Automaten der Hauptmaschine ist der Umschalter $U_1$ zu bedienen, der auf $M$ (Maschine) zu stehen hat, damit das Lichtnetz auch während der Ladung mit Maschinenstrom versorgt werde.

### 3. Beendigung des Ladebetriebes.

*Übergang vom Lade- zum Maschinenbetriebe.*

Genau wie bei der Beendigung des Ladebetriebes auf Seite 134 läſst man auch hier den Ladestrom durch allmähliches Vermindern der Zusatzmaschinenspannung nach und nach sinken, bis der Automat $S A_2$ den Ladestromkreis selbstthätig unterbricht. Das Lichtnetz wird dessen ungeachtet über die äuſsere Verbindungsleitung und den auf $M$ stehenden Umschalter $U_1$ von der Hauptmaschine aus weiter gespeist.

## III. Batteriebetrieb.

### 1. Allgemeines.

Mit Batteriebetrieb darf nur solange gearbeitet werden, als der Lichtstrom nicht die maximale[1]) Entladestromstärke der Batterie übersteigt.

Die erforderlichen Leitungsschalter sind geschlossen, $U_1$ steht auf $A$ (Akkumulator), $U_2$ auf $L$ (Leitung), der Zellenschalter $Z$ auf dem der Normalspannung entsprechenden Kontakt und $Str.$ auf $E$ (Entladung), $A_2$ läfst die Stärke des Entladestromes und $V$ dessen Spannung im Lichtnetze erkennen, während die Maschinen aufser Betrieb stehen und der Automat $S A_2$ geöffnet ist.

### 2. und 3. Beginn und Beendigung des Batteriebetriebes.

Beginn und Beendigung des Batteriebetriebes als Übergänge vom Maschinen- zum Batteriebetriebe oder umgekehrt vom Batterie- zum Maschinenbetriebe wurden schon unter Beendigung und Beginn des Maschinenbetriebes auf Seite 152 und 150 besprochen.

### 4. Schema III C g.
#### Für Compoundmaschine, Zusatzdynamo und grofse Batterie.

Parallelbetrieb ist zulässig.
Während der Ladung dürfen Lampen brennen.

## 31. Erläuterungen.

Diese Schaltung, die in Fig. 72 unter Einfügung aller für den praktischen Betrieb erforderlichen Mefs- und Schaltapparate schematisch dargestellt ist, findet in Betrieben Verwendung, die ihres stark wechselnden Stromverbrauchs wegen mit Compoundmaschine ausgerüstet, nicht aber dem Strombedarfe der Hauptbetriebszeit ohne Zuhilfenahme der Batterie (**Parallelbetrieb**) gewachsen sind. Sie findet sich deshalb vor-

---

[1]) Vgl. Anmerkung Seite 85.

züglich in Fabrikbetrieben, die auch während des Tages viel Strom zum Speisen von Motoren benötigen, denselben der leichteren Spannungsregulierung wegen mit Compoundmaschine erzeugen und gleichzeitig von den Nebenschlußwindungen aus mit Hilfe einer Zusatzmaschine die Akkumulatoren laden, die dann ihrerseits wieder die Hauptmaschine während des abendlichen Lichtkonsums in der Stromlieferung unterstützen.

Wie gewöhnlich, stellt auch in Fig. 72 $N$ das Leitungsnetz dar, das den erforderlichen Betriebsstrom über die von der Maschine, der Batterie und den Schaltapparaten zu ihm führenden Verbindungsleitungen $a\,x\,b\,c\,d$ erhält, sowie $B$ von $A+$ bis $A-$ die Batterie mit ihrem Zellenschalter $Z$, der an den Schleifhebel des Ladeumschalters $U_1$ angeschlossen, je nach Stellung des letzteren auf $L$ (Ladung) oder $E$ (Entladung) mit der Lade- oder Entladeleitung in Verbindung gebracht werden kann. Die als Compoundmaschine gebaute Hauptdynamo hat drei entsprechend mit $NC+$, $N-$ und $C-$ bezeichnete Polklemmen, deren erste und zweite die Pole der Nebenschlußmaschine und deren erste und dritte die der Compoundmaschine bilden. Die Nebenschlußwindungen sind, wie gewöhnlich, schematisch dargestellt und mit $Nb_1$ bezeichnet, außerdem aber noch eine in Zickzackform und starkem Strich geführte Linie $Cp$ angegeben, die, $N-$ mit $C-$ verbindend, die auf der Nebenschlußwickelung liegenden wenigen Compoundwindungen der Maschine darstellen soll. Da nun, wie schon auf Seite 10 gesagt, mit einer Compoundmaschine nur unter Ausschluß ihrer Compoundwickelung geladen werden kann, ist die von $N-$ bis Kontakt $L$ des Umschalters $U_1$ reichende Ladeleitung, in der, behufs Spannungserhöhung, die Zusatzmaschine $M_2$ mit ihrem Automaten $S\,A_2$ liegt, auch nicht an die negative Compoundklemme $C-$, sondern an die negative Nebenschlußklemme $N-$ der Maschine angeschlossen. Der Lichtstrom hingegen, dessen Leitung an $C-$ angeschlossen ist, durchfließt auch die Compoundwickelung, um durch deren Beeinflussung des Schenkelmagnetismus auch bei wechselnder Belastung die Klemmenspannung konstant zu halten.

## 31. Erläuterungen.

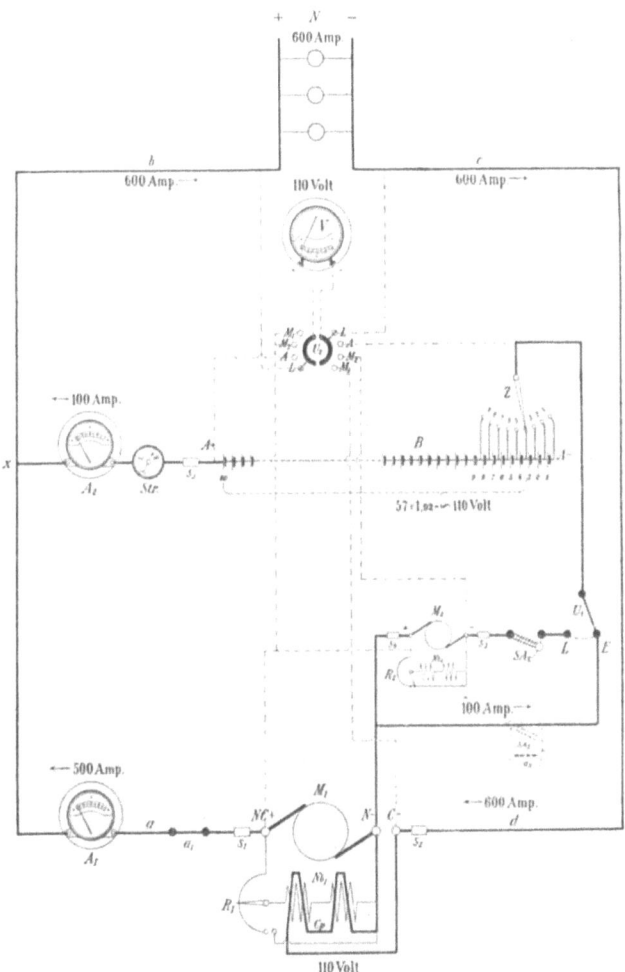

Fig. 72.

**Schema III C g.**

**Mit Compoundmaschine, Zusatzdynamo und grofser Batterie.**

Parallelbetrieb ist zulässig.
Während der Ladung dürfen Lampen brennen.

Damit nun auch Parallelbetrieb ohne Umpolarisierungsgefahr stattfinden kann, führt man die Entladeleitung nicht, wie gewöhnlich, direkt zur Lichtleitung, denn dann würde ein eventuell entstehender Batterierückstrom die Compoundwickelung in umgekehrter Richtung durchfliefsen und dadurch leicht, die Oberhand über die Nebenschlufswindungen gewinnend, eine Umpolarisierung der Maschine hervorrufen, sondern man führt sie parallel zur Ladeleitung ebenfalls an die Nebenschlufsklemme $N-$ der Maschine, wodurch auch der vom Lichtnetze kommende Batteriestrom gezwungen wird, die Compoundwindungen gemeinschaftlich und in gleicher Richtung mit dem zurückkehrenden Maschinenstrome zu durchfliefsen, ehe er über die Entladeleitung $N-\ldots E$, den Umschalter $U_1$ und den Zellenschalter $Z$ zur Batterie zurückfliefsen kann. Ein Umpolarisieren durch Rückstrom ist ausgeschlossen, weil derselbe nur die Nebenschlufs-, nie aber die Compoundwindungen der Maschine durchfliefsen kann.

Diese Anordnung erfordert aber in der positiven Maschinenleitung einen Hauptschalter $a_1$ oder an derselben Stelle einen Min.-Automaten, weil sich sonst der Akkumulator während des reinen Batteriebetriebes bei zufällig aufliegenden Bürsten auf den Anker der Hauptmaschine und bei nicht gänzlich abgeschaltetem Nebenschlufsregulator $R_1$ auf die Magnetschenkel entladen würde, im ersten Falle einen dem Anker schädlichen Kurzschlufs, im letzteren einen unliebsamen Stromverlust hervorrufend. Die Compoundwindungen der Maschine müssen so stark bemessen sein, dafs sie nicht nur den maximalen Maschinenstrom, sondern auch diesen vermehrt um den Entladestrom der Batterie während der Dauer des Parallelbetriebes auszuhalten vermögen, wobei auch dem in diesen Windungen entstehenden Spannungsverluste Rechnung zu tragen ist, wenn nötig durch Vermehrung der Elementenzahl.

Aufser dem Zellenschalter $Z$ liegen im Batteriestromkreise, wie gewöhnlich, noch die Batteriesicherung $s_3$, der Stromrichtungszeiger $Str.$ und das Ampèremeter $A_2$. Haupt- und Zusatzmaschine sind durch $s_1$, $s_2$, $s_4$ und $s_5$ vor Kurzschlufs gesichert. Der Ladeumschalter $U_1$ muſs mit Unterbrechung ausgeführt werden, weil sonst die Zusatzmaschine im Augenblicke der Umschaltung kurzgeschlossen würde. Da in der positiven Hauptmaschinenleitung ein Ausschalter $a_1$ liegt, muſs statt des einpoligen Voltmeterumschalters ein doppelpoliger verwendet werden, dessen Anschluſs an das Voltmeter und das Leitungsnetz teils aus dem auf Seite 40 Gesagten, teils auch aus Fig. 72 ohne weiteres zu ersehen ist. Wenn in der positiven Hauptmaschinenleitung nur ein Ausschalter, nicht aber ein Min.-Automat vorgesehen wurde, muſs eigentlich in der Entladeleitung $N-\ldots E$ ein Min.-Automat $SA_3$ liegen, um die Maschine während des Parallelbetriebes vor Rückstrom aus der Batterie zu schützen. Doch muſs dann dieser Automat mit einem Kurzschlieſser $a_3$, der in einem einfachen Ausschalter bestehen kann, versehen sein, um den Automaten während des reinen Batteriebetriebes (Entladung) durch Schlieſsen dieses Schalters auſser Wirksamkeit treten lassen zu können, weil derselbe sonst, als Min.-Automat wirkend, die Leitung bei verschwindend geringem Stromverbrauche (z. B. des Nachts) von der Batterie einfach abschalten und somit eine weitere Stromversorgung des Lichtnetzes unmöglich machen würde. Im Schema ist dieser Automat $SA_3$ nur punktiert angegeben und in den Betriebsvorschriften gar nicht weiter erwähnt worden, weil er in der Praxis gewöhnlich vernachlässigt wird.

In Fig. 72 sind die Spannungs- und Stromverhältnisse sowohl, als auch die Schalterstellungen für einen Parallelbetrieb eingezeichnet, unter der Annahme, daſs in der 110 voltigen Lichtanlage mit 60 Elementen die Hauptmaschine, ihrer Maximalbelastung entsprechend, 500 Amp. liefert, und die Batterie den noch weiter erforderlichen Betriebsstrom von 100 Amp. hinzugiebt. Dann ist die Maschine $M_1$ unter Normalspannung in Betrieb, ihr Schalter $a_1$ geschlossen und $U_1$ auf $E$ (Entladung) gestellt. *Str.* zeigt auf $E$ (Entladung), die Stärke des Maschinenstromes ist bei $A_1$, die des Entladestromes bei $A_2$ und die Lichtspannung bei $V$ zu erkennen. Wenn die momentane Spannung pro Element in diesem Falle 1,92 Volt betragen soll, sind durch den Zellenschalterhebel $110:1{,}92 = \sim 57$ Zellen in den Stromkreis, also zwischen $x$ und $Z$ einzuschalten, $Z$ ist also auf Kontakt *4* zu stellen.[1])

Der Maschinenstrom von 500 Amp. nimmt seinen Weg vom positiven Maschinenpole $NC+$ aus über den Schalter $a_1$, Leitung $a$, Punkt $x$ und Leitung $b$ nach dem Lichtnetze $N$ und kehrt von da aus über Leitung $c\,d$, die negative Compoundklemme $C-$ und die Compoundwickelung $Cp$ zur Maschine zurück. Der Batteriestrom von 100 Amp. hingegen kommt von $A+$, vereinigt sich bei $x$ mit dem Maschinenstrome, speist mit diesem gemeinschaftlich das Lichtnetz, geht auch mit ihm denselben Weg über $c\,d$ und die Compoundwickelung der Maschine bis zur negativen Klemme $N-$, um von hier aus erst wieder gesondert über Kontakt $E$, den Ladeschalter $U_1$ und den Zellenschalter $Z$ zur Batterie zurückzufliefsen. Wie leicht ersichtlich, durchfliefst hier der gesamte Lichtstrom die Compoundwindungen und zwar Maschinen- und Batteriestrom vereint in gleicher Richtung, so dafs ein Umpolarisieren der Maschine endgiltig ausgeschlossen erscheint.

## 32. Betriebsvorschriften.
(Fig. 72.)

### I. Maschinenbetrieb.

#### 1. Allgemeines.

Maschine $M_1$ ist unter Normalspannung in Betrieb, ihr Ausschalter $a_1$, sowie die erforderlichen Leitungsschalter sind geschlossen und $U_1$ auf Unterbrechung gestellt. Die Betriebsstromstärke ist bei $A_1$ und die Netzspannung unter Stellung des Voltmeterumschalters $U_2$ auf $L$ (Leitung) bei $V$ abzulesen und durch den Nebenschlufsregulator $R_1$ konstant zu halten.

---

[1]) Um den Spannungsverlust in der Compoundwickelung wieder auszugleichen, wird der Zellenschalter in Wirklichkeit vielleicht auf Kontakt *3* zu stellen sein, wie auch die Betriebsmaschine nicht nur genau 110 Volt, sondern ihrer Belastung entsprechend, mit etwas höherer Klemmenspannung arbeiten mufs, doch können diese Verhältnisse hier keine Berücksichtigung finden und ergeben sich im praktischen Betriebe ganz von selbst.

## 32. Betriebsvorschriften, I. Maschinenbetrieb. 159

### 2. Beginn des Maschinenbetriebes.

*Übergang vom Batterie- zum Maschinenbetrieb.*

Bis zur Inbetriebsetzung der Hauptmaschine wird, einerlei zu welcher Zeit dieselbe erfolgt, stets die Batterie den Betriebsstrom liefern, weshalb auch bei Stellung des Voltmeterumschalters $U_2$ auf $L$ (Leitung), des Zellenschalters $Z$ auf den der Lichtspannung entsprechenden Kontakt und des Ladeumschalters $U_1$ auf $E$ (Entladung), zu dieser Zeit nur die erforderlichen Leitungsschalter geschlossen sind.

Um die Maschine zuzuschalten, läfst man sie unter Stellung des Voltmeterumschalters $U_2$ auf $M_1$ (Maschine 1) anlaufen, geht, wenn die normale Lichtspannung erreicht ist, durch Schliefsen des Schalters $a_1$ zum Parallelbetriebe und darauf erst durch Drehen des Umschalters $U_1$ in die Lage der Stromunterbrechung (also durch Abschaltung der Batterie) zum reinen Maschinenbetriebe über.

Hier gilt wiederum das schon des öfteren betonte: In Betrieben, die absichtlich so eingerichtet wurden, dafs die Batterie mit Parallelbetrieb arbeiten, also auch während des Maschinenbetriebes zum Ausgleich von Spannungsschwankungen dienen kann, wird man nur selten und ausnahmsweise mit wirklich reinem Maschinenbetriebe, d. h. unter gänzlicher Abschaltung der Batterie arbeiten, sondern wird gewöhnlich die Batterie in Berührung mit dem Lichtnetze lassend (in obigem Falle also $U_1$ auf $E$ stehen lassen), die Spannungsverhältnisse von Maschine und Batterie so abgleichen, dafs erstere den gesamten Betriebsstrom liefert, letztere dagegen nur für Konstanthaltung der Spannung und Ausgleich von Lichtschwankungen sorgt.

Stets, wenn die Batterie mit dem Lichtnetze in Verbindung steht, mufs sowohl das Abschalten der Maschine durch Öffnen, als auch das Zuschalten derselben durch Schliefsen des Schalters $a_1$ mit Vorsicht geschehen, indem streng darauf zu achten ist, dafs die Abschaltung noch vor Sinken der Maschinen- unter die Normalspannung und die Zuschaltung nie vor Erreichen dieser Spannung geschieht, weil sonst der Anker Batteriestrom durch die Entladeleitung, in der ja kein Schwachstrom-Automat liegt, erhalten könnte.

### 3. Beendigung des Maschinenbetriebes.

*Übergang vom Maschinen- zum Batteriebetrieb.*

Die Maschine darf nicht eher abgeschaltet werden, als bis der Stromverbrauch des Leitungsnetzes mindestens wieder bis auf die maximale[1]) Entladestromstärke der Batterie gesunken ist.

Zu diesem Zwecke hat man die eben gegebenen Vorschriften in umgekehrter Reihenfolge auszuführen, indem man erst unter Stellung des Zellenschalterhebels $Z$ auf den der Lichtspannung entsprechenden Kontakt durch Drehen des Ladeumschalters $U_1$ auf $E$ Parallelbetrieb herstellt und diesen dann durch Öffnen des Schalters $a_1$ zum Batteriebetrieb vereinfacht.

Die übrigen Betriebsübergänge des Maschinenbetriebes finden sich unter Lade- oder Parallelbetrieb näher erläutert.

## II. Ladebetrieb.

### 1. Allgemeines.

Die Ladung darf zu allen Zeiten erfolgen, muſs aber unterbrochen werden, wenn die Maximalbelastung der Maschine durch wachsenden Lichtverbrauch überschritten wird.

Die Anzahl der während der Ladung im Lichtnetze zu brennenden Lampen ist nur von der Leistungsfähigkeit der Maschine abhängig.

Zur Zeit der Ladung sind beide Maschinen $M_1$ und $M_2$, von denen die erstere die Licht- und die letztere die jeweilig für die Ladung erforderliche Zuschlagsspannung liefert, in Betrieb, sowie der Ausschalter $a_1$ und der Min.-Automat $SA_2$ geschlossen. Der Zellenschalterhebel $Z$ steht auf der dem augenblicklichen Grade der Ladung entsprechenden Zelle, der Voltmeterumschalter $U_2$ auf $L$ (Leitung), $U_1$ und *Str.* auf $L$ (Ladung), $V$ giebt die Lichtspannung, $A_2$ die Lade- und $A_1$ die gesamte Maschinenstromstärke zu erkennen.

### 2. Beginn des Ladebetriebes.

*a) Übergang vom Maschinen- zum Ladebetriebe.*

Um die Ladung aus dem reinen Maschinenbetriebe einzuleiten, bei dem $a_1$ geschlossen ist, muſs man zunächst den Ladeumschalter $U_1$ auf $L$ (Ladung) stellen, dann durch Drehen

---

[1]) Siehe Anmerk. Seite 85.

des Zellenschalters auf Kontakt *1* und unter Stellung des Voltmeterumschalters $U_2$ auf $A$ (Akkumulator) die Gesamtakkumulatorenspannung (abgelesen an $V$) messen, hierauf die Zusatzmaschine in Betrieb setzen und dieselbe dann durch Einschalten ihres Regulators $R_2$ erregen. Erst wenn unter Stellung des Voltmeterumschalters $U_2$ auf $M_2$ die bei $V$ abgelesene Gesamtspannung der Haupt- und Zusatzmaschine die soeben gemessene Akkumulatorenspannung um ca. 5—10 Volt übersteigt, wird man durch Einrücken des Min.-Automaten $SA_2$ (s. unter 16 II 2 a, S. 79—80) den Ladestromkreis schliefsen und hierauf durch entsprechendes Erhöhen der Zusatzmaschinenspannung mittels $R_2$ die Ladestromstärke auf die vorschriftsmäfsige Höhe bringen. Unter nunmehriger Stellung des Voltmeterumschalters $U_2$ auf $L$ (Leitung) wird die Lichtspannung bei $V$ abgelesen, während $A_2$ die Stärke des Ladestromes, $A_1$ die des gesamten Maschinenstromes (Lade- und Lichtstrom) erkennen läfst, und *Str.* auf $L$ (Ladung) zeigen mufs. Dem Steigen der Akkumulatorenspannung entsprechend, ist wiederum die Zusatzmaschinenspannung (durch Regulieren bei $R_2$) zu erhöhen. Die Abschaltung fertig geladener Zellen, sowie die jedesmalige Regulierung der Ladestromstärke wird in üblicher Weise durchgeführt.

*b) Übergang vom Parallel- zum Ladebetriebe.*

Dieser Betriebsübergang findet unter III 3 b auf Seite 164 nähere Erläuterung.

### 3. Beendigung des Ladebetriebes.

*a) Übergang vom Lade- zum Maschinenbetriebe.*

Wenn die Ladung beendigt, oder des zu starken Betriebsstromes wegen nicht mehr aufrecht zu halten ist, geht man wieder zum Maschinenbetriebe über.

Da während der Ladung beide Maschinen in Betrieb genommen, sowie $SA_2$ und $a_1$ geschlossen sind, und der Ladeumschalter $U_1$ auf $L$ (Ladung) steht, braucht man, um die Ladung zu unterbrechen, nur durch Vermindern der Zusatzmaschinenspannung den Ladestrom nach und nach sinken zu lassen, bis der Min.-Automat $SA_2$ den Ladestromkreis selbstthätig unterbricht, so dafs dann nur noch reiner Maschinenbetrieb übrigbleibt. Die Zusatzmaschine ist hierauf still zu setzen, $U_1$ auf die Unterbrechung und der Zellenschalter $Z$ auf Zelle *1* oder besser noch, auf den der Lichtspannung entsprechenden Kontakt zu stellen.

Das Stellen des Umschalters $U_1$ auf die Unterbrechung und nicht auf Kontakt $L$ ist nicht unbedingt erforderlich, sondern es soll nur vorsichtshalber geschehen, weil sonst durch zufälliges Einschalten des Automaten bei mit aufliegenden Bürsten stillstehender Zusatzdynamo leicht Störungen entstehen können. Auch in diesem Falle wird man nicht immer die Batterie gänzlich abgeschaltet lassen, sondern wird viel lieber $U_1$ auf $E$ drehen und unter Konstanthaltung der Lichtspannung durch den Zellenschalter die Maschinenspannung so regulieren, dafs sich die Batterie nicht mit an der Stromlieferung beteiligt, sondern nur zu eventuellem Spannungsausgleich dient.

*b) Übergang vom Lade- zum Parallelbetriebe.*

Dieser Betriebsübergang findet unter III 2 a auf Seite 162 Erläuterung.

### III. Parallelbetrieb.

#### 1. Allgemeines.

Die erforderlichen Leitungsschalter und $a_1$ sind geschlossen, die Umschalter $U_1$ und $U_2$ stehen entsprechend auf $E$ (Entladung) und $L$ (Leitung), $Z$ auf dem der Normalspannung entsprechenden Kontakte und *Str.* auf $E$ (Entladung). Indem die Zusatzmaschine $M_2$ aufser Betrieb und ihr Min.-Automat $SA_2$ geöffnet ist, läuft $M_1$ unter Normalspannung, ihre Stromstärke kann bei $A_1$, die der Batterie bei $A_2$ und die Netzspannung bei $V$ abgelesen werden. Während letztere durch den Zellenschalter konstant gehalten wird, ist die Belastung der Hauptmaschine durch ihren Nebenschlufsregulator $R_1$ vorschriftsmäfsig zu regulieren.

#### 2. Beginn des Parallelbetriebes.

*a) Übergang vom Lade- zum Parallelbetriebe.*

Wenn der Stromverbrauch des Leitungsnetzes die Maximalbelastung der Maschine übersteigt oder auch, wenn die Batterie besser zum Ausgleich auftretender Schwankungen dienen soll, wird man aus der Ladung zum Parallelbetriebe übergehen.

32. Betriebsvorschriften, III. Parallelbetrieb.

Zu diesem Zwecke läfst man durch Vergröfsern des Nebenschlufswiderstandes der Zusatzmaschine den Ladestrom nach und nach sinken, bringt aber auch gleichzeitig unter Stellung des Voltmeterumschalters $U_2$ auf $A$ (Akkumulator) den Zellenschalterhebel $Z$ auf den der Normalspannung entsprechenden Kontakt, um, sobald die Unterbrechung des Ladestromkreises durch den Min.-Automaten $SA_2$ erfolgt ist, durch Drehen des Ladeumschalters $U_1$ auf $E$ (Entladung) den Parallelbetrieb einzuleiten. Hierauf ist $U_2$ wieder auf $L$ (Leitung) zu stellen und die Lichtspannung, — wie gewöhnlich bei Parallelbetrieb — durch den Zellenschalter $Z$ konstant zu halten, während die Belastung der Maschine durch den Nebenschlufsregulator $R_1$ auf maximale Höhe zu bringen ist. Indem $Str.$ auf $E$ (Entladung) zeigt, wird die Stärke des Batteriestromes bei $A_2$, die des Maschinenstromes bei $A_1$ und die Netzspannung bei $V$ abgelesen.

*b) Übergang vom Maschinen- zum Parallelbetriebe.*

Wenn die Hauptmaschine durch den im Leitungsnetze gebrauchten Betriebsstrom bereits voll belastet läuft, letzterer aber an Stärke noch weiter zunimmt, mufs durch Hinzuschalten der Batterie zum Parallelbetriebe übergegangen werden.

Da während des Maschinenbetriebes schon $M_1$ unter Normalspannung im Gang und der Hauptschalter $a_1$ geschlossen ist, braucht man behufs Zuschaltung der Batterie nur noch unter Stellung des Voltmeterumschalters $U_2$ auf $A$ (Akkumulator) mit dem Zellenschalter $Z$ die Normalspannung herzustellen und dann $U_1$ auf $E$ (Entladung) zu drehen. Unter nunmehriger Stellung des Umschalters $U_2$ auf $L$ (Leitung) sind die Lichtspannung sowohl, als auch die von Maschine und Batterie gelieferten Ströme auf der vorschriftsmäfsigen Höhe zu erhalten.

3. Beendigung des Parallelbetriebes.

*a) Übergang vom Parallel- zum Batteriebetriebe.*

Aus dem Parallelbetriebe wird man zum reinen Batteriebetriebe dann überzugehen haben, wenn der Stromverbrauch im Leitungsnetze sehr schnell bis auf die maximale Entladestromstärke der Batterie oder darunter gesunken ist.

Zu diesem Zwecke belastet man die Batterie durch Verringerung der Maschinenspannung mehr und mehr, um die Maschine, wenn ihre Stromstärke nahezu auf Null gesunken ist, durch Öffnen des Schalters $a_1$ abzuschalten. Die Lichtspannung ist dann unter Stellung des Umschalters $U_2$ auf $L$ (Leitung) bei $V$ abzulesen und mit dem Zellenschalter $Z$ konstant zu halten, während die Gröfse des Entladestromes bei $A_2$ zu erkennen ist und $Str.$ auf $E$ (Entladung) zeigt.

*b) Übergang vom Parallel- zum Ladebetriebe.*

Wenn der wachsende Stromverbrauch des Leitungsnetzes einen frühzeitigen Parallelbetrieb erforderte und deshalb nur eine unvollständige Ladung der Batterie stattfinden konnte, mufs dieselbe nach Beendigung des Parallelbetriebes wieder aufgenommen werden.

Zu diesem Zwecke hat man, da $M_1$ schon in Betrieb, ihr Schalter $a_1$ geschlossen und $Z$ auf den der Normalspannung entsprechenden Zellenkontakt gestellt ist, zunächst durch Drehen des Umschalters $U_1$ auf die Unterbrechung reinen Maschinenbetrieb herzustellen und diesen dann wieder nach den unter II 2 a auf Seite 160 gegebenen Vorschriften weiter zum Ladebetriebe auszubilden.

### IV. Batteriebetrieb.

#### 1. Allgemeines.

Mit Batteriebetrieb darf nur so lange gearbeitet werden, als der Lichtstrom nicht die maximale Entladestromstärke der Batterie übersteigt.

Die erforderlichen Leitungsschalter sind geschlossen, $a_1$ und $SA_2$ dagegen geöffnet. Die Umschalter $U_1$ und $U_2$ stehen entsprechend auf $E$ (Entladung) und auf $L$ (Leitung), der Zellenschalter $Z$ auf dem der Normalspannung entsprechenden Kontakte und $Str.$ auf $E$ (Entladung), $A_2$ läfst die Stärke des Entladestromes und $V$ dessen Spannung im Lichtnetze erkennen.

#### 2. und 3. Beginn und Beendigung des Batteriebetriebes.

Beginn und Beendigung des Batteriebetriebes, als Übergänge vom oder zum Maschinenbetriebe betrachtet, fanden bereits unter

Beendigung und Beginn des Maschinenbetriebes, auf Seite 159 eingehend Erläuterung.

### 5. Schema III C k.
#### Für Compoundmaschine, Zusatzdynamo und kleine Batterie.
Parallelbetrieb ist unzulässig.<br>Während der Ladung dürfen Lampen brennen.

## 33. Erläuterungen.

Nicht selten findet auch diese Schaltung in vereinigten Licht- und Kraftanlagen Verwendung und zwar in [Fällen, wo eine grofse Compoundmaschine zur Verfügung steht, die auch zur Zeit des stärksten Betriebes den Licht- und Kraftstrom gemeinsam zu liefern vermag und nur während einiger Nachtstunden aufser Betrieb gesetzt wird. Während dieser wenigen Stunden übernimmt nun der am Tage mit Hilfe einer Zusatzmaschine geladene Akkumulator die Stromlieferung für die wenigen noch in Betrieb befindlichen Lampen, ohne jedoch je zum Parallelbetriebe benötigt zu werden, weshalb er auch nur klein im Verhältnis zur Maschine (vergl. unter 10, S. 54) zu sein braucht.

In dieser, in Fig. 73 unter Einfügung aller für den praktischen Betrieb erforderlichen Mefs- und Schaltapparate schematisch dargestellten Schaltung, ist die Verbindung der Maschinen und Batterie unter sich sowohl, als auch mit dem Leitungsnetze gleich derjenigen der Schaltung III N k (Fig. 71), nur liegt hier im Lichtstrome noch die der Spannungsregulierung dienende Compoundwickelung $Cp$, wie auch das mit $M_1$ bezeichnete Kontaktstück des Voltmeterumschalters $U_2$ nicht an die Nebenschlufsklemme $N-$, sondern an die Compoundklemme $C-$ der Hauptmaschine angeschlossen ist. Der Umschalter $U_1$ mufs für Umschaltung mit Unterbrechung gebaut sein, weil sonst die Maschine $M_1$ im Augenblicke der Umschaltung Rückstrom aus der Batterie erhalten könnte.

166   3. Abschnitt.   Schaltung III, Schema III C k.

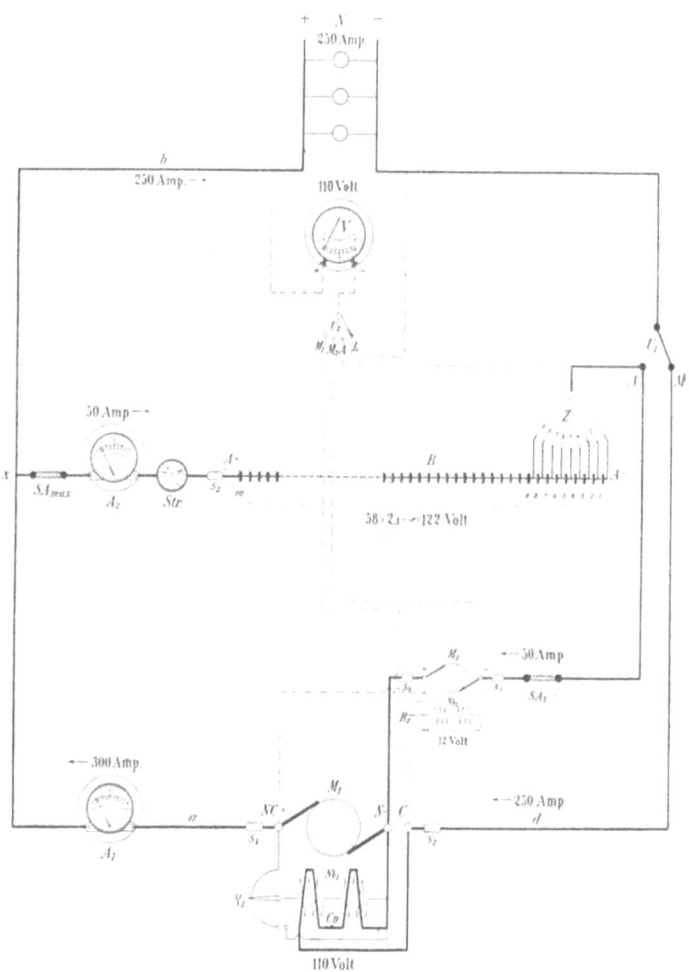

Fig. 73.

**Schema III C k.**

**Mit Compoundmaschine, Zusatzdynamo und kleiner Batterie.**

Parallelbetrieb ist unzulässig.
Während der Ladung dürfen Lampen brennen.

## 34. Betriebsvorschriften.
(Fig. 73.)

Da diese Anordnung bis auf die Maschinenart mit Schaltung III N k übereinstimmt, ist auch die Betriebsführung beider vollständig gleich, weshalb hier einfach auf die für Schaltung III N k gegebenen Vorschriften 30 auf Seite 150—153 verwiesen sei.

## Schaltung IV.
### Für Anlagen mit Reihenschalter.
## 35. Gesamterläuterungen.

Von allen in der Praxis verwendeten Schaltungsarten ist die mit Reihenschalter, d. h. für Ladung der Batterie in zwei Reihen, die unvorteilhafteste. Denn abgesehen von der umständlichen und viel Aufmerksamkeit erfordernden Bedienung ist die Ausnutzung der Dynamomaschine die denkbar geringste. Und dennoch wird diese Schaltung von Zeit zu Zeit verwendet, wenn es gilt eine schon bestehende Lichtanlage nachträglich mit einer Batterie auszurüsten unter der Voraussetzung, dafs die schon vorhandene, keine wesentliche Spannungserhöhung zulassende Dynamomaschine nicht umgewickelt werden soll oder kann und die örtlichen Betriebsverhältnisse die Aufstellung einer Zusatzmaschine sehr erschweren oder unmöglich machen. Man sucht aber diese Fälle auf die thunlichst geringste Zahl zu beschränken, indem man, wenn irgend möglich, entweder die Dynamo zur Doppelspannungsmaschine (s. Seite 12) umwickelt, oder noch besser, eine Zusatzmaschine zur Aufstellung bringt, die den jeweilig zur Ladung erforderlichen Spannungszuschlag liefert. Dadurch steigt allerdings das Anlage- resp. Reparaturkapital, aber die Verteuerung steht in den meisten Fällen in gar keinem Verhältnis zu den sonst so beträchtlich höheren Betriebskosten. Wenn nun in einem nachträglich mit einer Batterie zu versehenden Betriebe die Hinzufügung einer Zusatzmaschine, wie auch die Ausführung der eben erwähnten Magnetumwickelung unbedingt ausgeschlossen ist, so dafs die Stromquelle nur die konstante Lichtspannung, nicht aber auch die höhere Ladespannung zu liefern vermag, bleibt nichts weiter übrig, als die Batterie mit Hilfe eines der auf Seite 33—38 beschriebenen Reihenschalter während der Ladung in zwei Reihen zu einander parallel und dann bei der darauffolgenden Entladung diese Reihen wieder hintereinander zu schalten. Dadurch entstehen während der Ladung dieselben Verhältnisse wie bei Verwendung einer Batterie von halber Elementenzahl und doppelter Plattenoberfläche. Beispielsweise würden die 60 Elemente einer 110 voltigen Lichtanlage, deren normaler Ladestrom 10 Amp. beträgt, nach der Parallelschaltung nicht mehr eine Ladespannung für 60 Elemente, also im Mittel $60 \cdot 2{,}3 = 138$ Volt benötigen, sondern nur noch eine solche für 30 Elemente, also $30 \cdot 2{,}3 = 69$ Volt, wogegen der Ladestrom auf das Doppelte des normalen Betrages, also auf $2 \cdot 10 = 20$ Amp. anwächst. Weil nun aber die Dynamomaschine behufs gleichzeitiger Lichtlieferung den gesamten Strom unter Normalspannung (im obigen Falle 110 Volt) erzeugt, muſs in die Akkumulatorenleitung noch ein Vorschaltwiderstand gelegt werden, groſs genug, um daselbst die überschüssige Spannung — im obigen Beispiel 41 Volt — verzehren zu können. Da diese durch den Vorschaltwiderstand nutzlos in Wärme umgesetzte Arbeit nicht nur durch die Anzahl der Volt, sondern durch das in Voltampère oder Watt[1]) gemessene Produkt aus Spannung und Stromstärke bestimmt ist, fällt der Verlust bei der Ladung in zwei Reihen durch die erhöhte doppelte Stromstärke doppelt ins Gewicht. Beispielsweise würden schon bei dem vorliegenden 110 voltigen Betriebe von kaum erwähnenswerter Gröſse während der Ladung im Mittel

$$110 - 69 = 41 \text{ Volt}$$

an Spannung zu vernichten sein, die bei einem Gesamtstrome beider Reihen von

---

[1]) Gleichwie die durch einen Wasserfall geleistete mechanische Arbeit nicht durch die Quantität des fallenden Wassers (gemessen in Kilogramm) oder die Fallhöhe (gemessen in Meter) allein, sondern erst durch das Produkt dieser beiden Faktoren (Meterkilogramm) bestimmt ist, so wird auch die elektrische Arbeit durch das Produkt aus Spannung und Stromstärke, also Volt und Ampère, ausgedrückt und mit Voltampère oder Watt bezeichnet.

## 35. Gesamterläuterungen.

einer Leistung von
$$2 \cdot 10 = 20 \text{ Amp.}$$
$$20 \cdot 41 = 820 \text{ Watt,}$$

d. i. mehr als 1 PS.[1] entsprechen.

Wenn dagegen während der Ladung kein Betriebsstrom im Lichtnetze gebraucht wird, kann man diesen enorm hohen Energieverlust, der die Rentabilität der ganzen Anlage in Frage stellt, vermeiden, indem man den Vorschaltwiderstand wegfallen und die Maschine nicht mit der Licht-, sondern mit der entsprechend geringeren Ladespannung laufen läfst. Aber ökonomisch wird auch dieser Betrieb nicht arbeiten, einmal, weil die Maschine ungünstig belastet läuft, dann aber auch, weil, wie nachstehend angegeben, stets während der Ladung in einer der Batteriehälften noch ein Ausgleichswiderstand liegen mufs, dessen, wenn auch geringer Stromverbrauch den Wirkungsgrad der Anlage noch verschlechtert. Man kann sich auch veranlafst sehen, bei nachträglicher Aufstellung einer Batterie die schon vorhandene Compoundmaschine weiter zu verwenden. Dann mufs die Ladung natürlich auch in zwei Reihen erfolgen und zwar unter Abschaltung der Compoundwindungen direkt von der Nebenschlufswickelung aus. Da dann die Magnetschenkel durch den Verlust der Compoundwindungen während der Ladung entsprechend weniger Erregestrom erhalten, sinkt natürlich auch der Wirkungsgrad der so geschalteten Maschinen und damit auch der des ganzen Betriebes, ja es kann fraglich sein, ob die Maschine dann überhaupt noch in der Lage ist, den erforderlichen Ladestrom, der durch die Reihenschaltung auf das Doppelte des normalen Betrages anwächst, zu liefern.

Die übliche Abschaltung einiger Zellen während der Ladung, wie auch die Wiederzuschaltung derselben während der Entladung erfolgt durch einen Einfach-Zellenschalter,

---

[1] PS ist die jetzt mehr und mehr gebräuchlich werdende Bezeichnung für „Pferdestärke", während die früher häufiger angewendete englische Bezeichnung HP (horse power) seltener wird. Die Leistung einer elektrischen Pferdekraft sind theoretisch 736 Voltampère oder Watt, praktisch kann jedoch dieser Wert der entstehenden mechanischen und elektrischen Verluste wegen nicht erreicht werden. Unter normalen Verhältnissen kann man für jede geleistete Pferdestärke ca. 550 Watt erhalten.

der in einer der beiden Batteriehälften liegt. Da nun die mit dem Zellenschalter ausgerüstete Hälfte zufolge der geringeren Beanspruchung der Schaltzellen eine etwas höhere Spannung besitzt und deshalb wieder unter normalen Verhältnissen weniger Strom aufnehmen würde als die andere Hälfte, legt man in die letztere noch einen kleinen, oben schon erwähnten Regulierwiderstand, der so bemessen ist, dafs durch ihn die gleichmäfsige Strombelastung beider Hälften ermöglicht wird. Wie weiter unten ausgeführt, wird dieser Widerstand, je der Konstruktion des Reihenschalters entsprechend, entweder in die Lade- oder die allgemeine Batterieleitung gelegt und dementsprechend bei der Entladung auch verschieden gehandhabt.

Auch bei Anlagen mit Reihenschalter hängt die Möglichkeit der Herstellung des Parallelbetriebes aufser von der Batteriegröfse noch von der Schaltungsart der Maschine ab. Bei Vorhandensein einer Compoundmaschine kann Parallelbetrieb trotz grofser Batterie nur dann stattfinden, wenn man nach der schon unter Schema III C g angegebenen Schaltmethode die Batterie von den Nebenschlufswindungen aus ladet, wogegen während des Parallelbetriebes Maschinen- und Batteriestrom die Compoundwindungen gemeinsam durchfliefsen, so dafs eine Umpolarisierung ausgeschlossen erscheint.

Die schon früher für Nebenschlufs- und Compoundmaschinen gewählten Bezeichnungen $N$ und $C$, wie auch die Hinzufügung der kleinen lateinischen Buchstaben $g$ und $k$ bei Verwendung einer grofsen oder kleinen Batterie (s. unter 10, Seite 54 und unter 13, Seite 67) sollen auch bei den Reihenschalteranlagen beibehalten werden, so dafs hier, wie schon bei Zusatzmaschinen, vier Schaltungsarten

Ng, Nk, Cg und Ck

zu behandeln sind. Da nun aber jede dieser Schaltungsarten wieder eingerichtet werden kann entweder für ein Mitbrennen von Lampen während der Ladung oder nur für reine Ladung ohne Mitbrennen von Lampen, soll jeder Schaltungsart im ersten Falle noch der kleine griechische Buchstabe $\alpha$ (alpha) und im zweiten Falle der Buchstabe $\beta$ (beta) an die schon bestehende Bezeichnung angehängt werden, so dafs sich die Einteilung nunmehr wie folgt gestaltet:

$$N g \alpha,\ N k \alpha,\ C g \alpha,\ C k \alpha,\\ \beta\ \ \ \ \ \beta\ \ \ \ \ \beta\ \ \ \ \ \beta$$

Wegen des geringen Unterschiedes der beiden Betriebsfälle $\alpha$ und $\beta$ voneinander werden in den nachfolgenden Betriebsvorschriften nicht stets beide Fälle gleich eingehend behandelt werden, sondern nur nach Bedürfnis bald dieser, bald jener Betrieb, wobei dann auf den anderen nur mit entsprechend wenigen Worten verwiesen wird.

### 1. Schema IV N g.
#### Für Nebenschlufsmaschine, Reihenschalter und grofse Batterie.

Parallelbetrieb ist zulässig.
$\alpha$) Während der Ladung dürfen Lampen brennen.
$\beta$) Während der Ladung dürfen keine Lampen brennen.

## 36. Erläuterungen zu IV N g $\alpha$.
(Während der Ladung dürfen Lampen brennen.)

Diese Schaltung findet in Betrieben Verwendung, deren als Nebenschlufsmaschine gebaute Dynamo am Tage nur schwach, des Abends dagegen zu stark belastet läuft, so dafs man, um die Maschine abends entlasten zu können, nachträglich einen Akkumulator aufstellt und diesen, ungeachtet der entstehenden Stromverluste während des Tages in zwei Reihen ladet.

In Fig. 74 ist die Verbindung zwischen Maschine, Batterie und Leitungsnetz schematisch dargestellt unter Einfügung aller für den praktischen Betrieb erforderlichen Mefs- und Schaltapparate. In dem Schema bezeichnet zunächst $M$ die Maschine mit ihrem Nebenschlufsregulator $R$ und den Nebenschlufswindungen $Nb$, $a\ q\ m\ b\ c\ r\ d$ die zum Lichtnetze $N$ und von diesem wieder zur Maschine führenden Verbindungsleitungen, $B_1$ von $A+$ bis $^1/_2 A-$ die eine, und $B_2$ von $^1/_2 A+$ bis $A-$ die andere Batteriehälfte. Während sich in beiden Hälften zunächst je eine Batteriesicherung ($s_3$ und $s_4$) sowie ein Ampèremeter ($A_2$ und $A_3$) befinden, liegt in ersterer aufserdem noch der Ausgleichswiderstand $W_2$ für den Zellenschalter $Z$, in letzterer der Zellenschalter selbst sowie der Stromrichtungszeiger *Str.*, und in der gemeinsamen Ladeleitung $r\,v$ beider Reihen der zur Herabregulierung der Lichtauf die Ladespannung dienende grofse Vorschaltwiderstand $W_1$ nebst einem Ausschalter $a_2$. Im Maschinenstromkreise liegt das Ampèremeter $A_1$ und der automatische Schwachstromschalter $SA$. Das Voltmeter $V$ dient zur Spannungsmessung und kann mit Hilfe seines Umschalters, wie gewöhnlich, zur Messung der Maschinen-, Akkumulatoren- und Netzspannung verwendet werden. Da der Akkumulatorenmefsdraht des Voltmeterumschalters mit $Z$ in direkter Verbindung steht, ist man in der Lage, je nach Stellung des Reihenschalters $RS$ auf $E$ (Entladung) oder $L$ (Ladung) die Gesamtakkumulatorenspannung, oder nur die der einen Hälfte zu messen. Die Konstruktion des Reihenschalters $RS$, sowie auch die Verbindung desselben mit der Maschine und Batterie entspricht hier den Angaben der Fig. 29 und dem dazu auf Seite 33—34 Gesagten, weshalb hier auch die in den Fig. 30 und 31 dargestellten Reihenschalter von Dr. Paul Meyer und der „Akkumulatorenfabrik, Aktien-Gesellschaft", ohne weiteres Verwendung finden könnten.

Wenn, wie in Fig. 74 angenommen, Kontakt $a_1$ des Reihenschalters $RS$ mit $c_1$ und $b_1$ mit $d_1$ verbunden wird, so ist die Batterie zur Ladung, d. h. in zwei Reihen geschaltet. Der Ladestrom durchfliefst dann beide Batteriehälften getrennt, indem er einerseits von $m$ aus durch die linke Batteriehälfte $B_1$ und über die Kontakte $b_1\,d_1$ des Reihenschalters nach Punkt $v$ und anderseits von $q$ aus über Kontakt $a_1$ und $c_1$ des Reihenschalters zur rechten Batteriehälfte $B_2$ und dann über den Zellenschalter $Z$ ebenfalls nach $v$ gelangt, um von hier aus wieder vereinigt durch den die Überspannung verzehrenden Vorschaltwiderstand $W_1$ bis zum Punkte $r$ und von da aus mit dem vom Leitungsnetze kommenden Lichtstrome zur Maschine zurückzukehren. Die Stärke des Ladestromes wird durch den Vorschaltwiderstand $W_1$ und die gleichmäfsige Belastung beider Batteriehälften durch den kleinen Wider-

## 36. Erläuterungen. 173

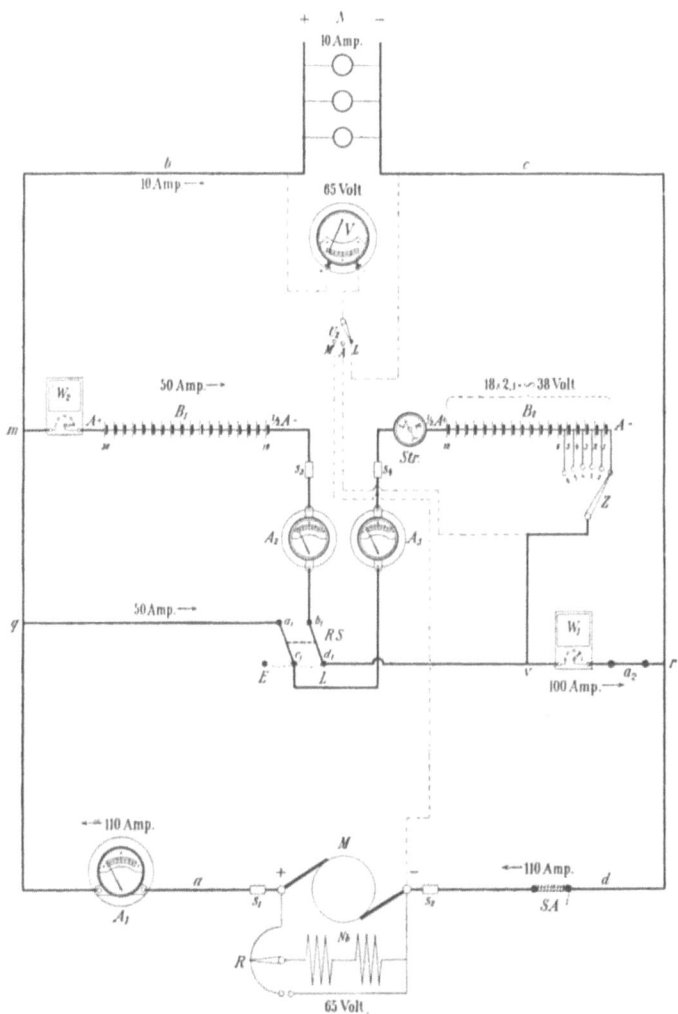

Fig. 74.

### Schema IV N g α.

### Mit Nebenschlufsmaschine, Reihenschalter und grofser Batterie.

Parallelbetrieb ist zulässig.
Während der Ladung dürfen Lampen brennen.

stand $W_2$ geregelt. Zur Entladung sind die Kontakte $b_1$ und $c_1$ des Reihenschalters $RS$ miteinander zu verbinden und die beiden Widerstände $W_1$ und $W_2$ kurz zu schliefsen.

In Fig. 74 sind die Schalterstellungen wie auch die Spannungs- und Stromverhältnisse für den soeben begonnenen Ladebetrieb einer 65 voltigen Lichtanlage eingezeichnet. Es sei angenommen, die Batterie von 36 Elementen erfordere einen normalen Ladestrom von 50 Amp., während gleichzeitig noch der Betriebsstrom von 10 Amp. für einige wenige Lampen im Lichtnetze gebraucht werde. Dann ist die Maschine $M$ unter Normalspannung in Betrieb, ihr Min.-Automat $SA$, sowie der Schalter $a_2$ sind geschlossen, $Z$ steht auf Zelle *1*, der Reihenschalter $RS$ auf $L$ (Ladung) und der Voltmeterumschalter $U_2$ auf $L$ (Leitung). Unter Annahme einer Klemmenspannung von 2,1 Volt für die Zelle ist pro Reihe eine Ladespannung von

$$18 \cdot 2{,}1 = \sim 38 \text{ Volt}$$

erforderlich, so dafs durch den Widerstand $W_1$ noch

$$65 - 38 = 27 \text{ Volt}$$

zu vernichten sind. Die etwa noch ungleiche Strombelastung beider Reihen wird durch entsprechendes Regulieren an $W_2$ beglichen. Der Lichtstrom nimmt, wie gewöhnlich, seinen Weg von $M+$ aus über $aA_1$ und $qmb$ zum Leitungsnetze $N$ und kehrt dann über $crd$ und den Min.-Automaten $SA$ zur Maschine zurück. Der für die Batterie bestimmte Strom von $2 \times 50 = 100$ Amp. fliefst bis $q$, resp. $m$ mit dem Lichtstrome gemeinschaftlich, während 50 Amp. desselben, als Ladestrom der rechten Batteriehälfte von $q$ aus über Punkt $a_1 c_1 A_3 s_4$ und *Str.* nach $^1/_2 A+$ und dann über den Zellenschalter $Z$ nach Punkt $v$ gelangen, fliefsen die weiteren 50 Amp. als Ladestrom der linken Batteriehälfte von $m$ aus durch $W_2$ und $B_1$ nach $^1/_2 A-$ und weiter über $s_3$ $A_2$ $b_1$ und $d_1$ ebenfalls nach Punkt $v$ und von da aus gemeinsam mit dem vom Zellenschalter $Z$ kommenden Ladestrome der rechten Batteriehälfte über $W_1$ und den Schalter $a_2$ nach $r$, um dann erst nach Aufnahme des vom Lichtnetze kommenden Betriebsstromes (10 Amp.) zur Maschine zurückzukehren.

## 37. Betriebsvorschriften zu IV N g α.

(Fig. 74).

**I. Maschinenbetrieb.**

1. Allgemeines.

Die Maschine ist in Gang und ihr Min.-Automat $SA$ sowie jeder erforderliche Leitungsschalter geschlossen, $a_2$ dagegen geöffnet. $A_1$ giebt die Stärke des Maschinenstromes und $V$, unter Stellung des Voltmeterumschalters $U_2$ auf $L$ (Leitung), die Spannung des Lichtnetzes zu erkennen.

2. Beginn des Maschinenbetriebes.

*Übergang vom Batterie- zum Maschinenbetriebe.*

Je nach den örtlichen Verhältnissen einer Anlage, sowie der Dauer und Stärke des abendlichen Parallelbetriebes wird die verhältnismäfsig grofse Batterie auch in der Lage sein, die Lichtlieferung nach Stillstand der Maschine auf längere oder kürzere Zeit allein übernehmen zu können. Wenn aber der Betriebsstrom die maximale Entladestromstärke der Batterie zu übersteigen beginnt, mufs wieder die Maschine in Betrieb genommen werden.

Zu diesem Zwecke läfst man dieselbe bis auf die normale Lichtspannung anlaufen und stellt, da die Widerstände $W_1$ und $W_2$ so wie so schon kurzgeschlossen sind, wie auch $RS$ schon auf Entladung und $Z$ auf dem der Normalspannung entsprechenden Zellenkontakte steht, einfach durch Schliefsen des Min.-Automaten $SA$ Parallelbetrieb her, um von diesem dann, durch Öffnen des Schalters $a_2$, ruhig und ohne Schwankung zum reinen Maschinenbetriebe überzugehen. Dann ist die Spannung des Lichtstromes, wie gewöhnlich, bei $V$ und dessen Stärke bei $A_1$ zu erkennen.

Auch hier kann, wie schon so oft beim Maschinenbetriebe besprochen, der Schalter $a_2$ vorteilhaft geschlossen bleiben, wenn man nur die Spannungsverhältnisse von Maschine und Batterie so reguliert, dafs die letztere, trotz ihres Zusammenhanges mit der Maschine nicht an der Stromlieferung beteiligt ist, sondern nur zum Ausgleiche eventueller Lichtschwankungen oder bei plötzlich eintretender Betriebsunfähigkeit der Maschine als Momentreserve dient.

### 3. Beendigung des Maschinenbetriebes.

*Übergang vom Maschinen- zum Batteriebetriebe.*

Wenn nur noch so wenig Lichtbedürfnis vorhanden ist, dafs die Batterie ohne Überlastung die Stromlieferung übernehmen kann, schaltet man die Maschine ab und geht zum Batteriebetriebe über.

Dieser Betriebsübergang, der die Beendigung des Maschinenbetriebes bildet, ist die genaue Umkehrung der eben beschriebenen Einleitung desselben. Man geht, unter Stellung des Zellenschalters $Z$, auf den der Lichtspannung entsprechenden Kontakt durch Schliefsen des Schalters $a_2$ erst wieder zum Parallelbetriebe über und belastet dann durch allmähliches Verringern der Maschinenspannung die Batterie mehr und mehr, bis die letztere durch selbstthätiges Abschalten des Automaten $SA$ die weitere Stromlieferung allein übernimmt. Unter Stellung des Voltmeterumschalters $U_2$ auf $L$ (Leitung) ist die Lichtspannung bei $V$, die Entladestromstärke bei $A_2$ und die Richtung des Batteriestromes (Entladung) bei $Str.$ zu erkennen.

Die weiter noch hierher gehörigen Betriebsarten, als Übergänge vom Maschinen- zum Lade- oder Parallelbetriebe, finden sich entsprechend unter Lade- oder Parallelbetrieb näher erläutert.

## II. Ladebetrieb.

### 1. Allgemeines.

Die Ladung darf zu allen Zeiten erfolgen, mufs aber unterbrochen werden, wenn durch wachsenden Lichtverbrauch die Maximalbelastung der Maschine überschritten wird.

Die Maschine ist unter Normalspannung in Betrieb, ihr Min.-Automat $SA$, sowie der Ausschalter $a_2$ sind geschlossen, der Reihenschalter $RS$ steht auf $L$ (Ladung), der Zellenschalterhebel $Z$ auf der dem augenblicklichen Grade der Ladung entsprechenden Zelle und der Stromrichtungszeiger $Str.$ auf $L$ (Ladung). Bei $W_1$ und $W_2$ ist entsprechend soviel Widerstand eingeschaltet, als zur Einhaltung der normalen Ladestromstärke, wie auch der gleichmäfsigen Belastung beider Reihen erforderlich erscheint. Die gesamte Maschinen-

37. Betriebsvorschriften, II. Ladebetrieb.

stromstärke ist bei $A_1$, die Stärke des Ladestromes bei $A_2$ und $A_3$ und die Lichtspannung bei $V$ abzulesen.

## 2. Beginn des Ladebetriebes.

*a) Übergang vom Maschinen- zum Ladebetriebe.*

Um die Ladung aus dem reinen Maschinenbetriebe einzuleiten, mufs man zunächst den Reihenschalter $RS$ auf $L$ (Ladung), den Zellenschalter $Z$ auf Zelle *1* und den Vorschaltwiderstand $W_1$ so stellen, dafs bei darauffolgendem Schliefsen des Schalters $a_2$ die Akkumulatoren einen schwachen Ladestrom erhalten, der dann durch entsprechendes Regulieren an $W_1$ auf die normale Höhe zu bringen und weiter durch entsprechendes Verändern des Widerstandes $W_2$ gleichmäfsig auf beide Batteriehälften zu verteilen ist. Diesen Ladestrom pro Reihe kann man bei $A_2$ und $A_3$, den Gesamtmaschinenstrom bei $A_1$ und die Lichtspannung, unter Stellung des Voltmeterumschalters $U_2$ auf $L$ (Leitung), bei $V$ ablesen. Der Stromrichtungszeiger *Str.* mufs auf $L$ (Ladung) zeigen.

*b) Übergang vom Parallel- zum Ladebetriebe.*

Dieser Betriebsübergang findet unter III 3 a auf Seite 179 nähere Erläuterung.

## 3. Beendigung des Ladebetriebes.

*a) Übergang vom Lade- zum Maschinenbetriebe.*

Wenn die Ladung beendigt oder des zu starken Lichtverbrauchs wegen nicht mehr aufrecht zu halten ist, geht man, sofern ein Spannungsausgleich durch die Batterie nicht erforderlich ist, wieder zum reinen Maschinenbetriebe über.

Zu diesem Zwecke braucht man nur durch Vergröfsern des Vorschaltwiderstandes $W_1$ die Ladestromstärke beider Batteriehälften bis auf einen geringen Betrag sinken zu lassen, um hierauf die Batterie durch Öffnen des Schalters $a_2$ vom Lichtnetze abzuschalten, wodurch ohne weiteres reiner Maschinenbetrieb entsteht.

Damit der Akkumulator jederzeit bereit sei, durch Schliefsen des Schalters $a_2$ die Maschine zu unterstützen oder als Reserve dienen zu können, ist es ebenso vorteilhaft wie erwünscht, stets, nachdem die Ladung unterbrochen wurde, $RS$ auf $E$ (Entladung)

Kistner, Schaltungsarten.

zu drehen und dann, unter Stellung des Voltmeterumschalters $U_2$ auf $A$ (Akkumulator), mit dem Zellenschalter $Z$ die normale Lichtspannung, wie auch durch Kurzschliefsen der beiden Widerstände $W_1$ und $W_2$ einen unterbrechungslosen Batteriestromkreis herzustellen.

*b) Übergang vom Lade- zum Parallelbetriebe.*

Dieser Betriebsübergang findet unter III 2 b auf Seite 179 nähere Erläuterung.

### III. Parallelbetrieb.

#### 1. Allgemeines.

Die erforderlichen Leitungsschalter, sowie $SA$ und $a_2$ sind geschlossen, $RS$ steht auf $E$ (Entladung), ebenso $Str.$, $Z$ auf dem der Lichtspannung entsprechenden Kontakte, und die Widerstände $W_1$ und $W_2$ sind kurzgeschlossen. Während die Maschine, wie gewöhnlich, unter Normalspannung läuft, ist ihr Gesamtstrom an $A_1$, die Entladestromstärke an $A_2$ und $A_3$ und die Netzspannung, unter Stellung von $U_2$ auf $L$ (Leitung), an $V$ abzulesen.

#### 2. Beginn des Parallelbetriebes.

*a) Übergang vom Maschinen- zum Parallelbetriebe.*

Wenn die Maschine durch den im Leitungsnetze gebrauchten Betriebsstrom bereits voll belastet läuft, letzterer aber noch weiter an Stärke zunimmt, mufs durch Hinzuschaltung der Batterie zum Parallelbetriebe übergegangen werden.

Da beim reinen Maschinenbetriebe, wie aus II 3 a (S. 177) hervorgeht, die Maschine $M$ schon in Betrieb und ihr Min.-Automat $SA$ geschlossen ist, sowie vorsichtshalber der Reihenschalter $RS$ auf $E$ (Entladung), der Zellenschalter $Z$ auf dem der Normalspannung entsprechenden Kontakte steht, und die Widerstände $W_1$ und $W_2$ kurzgeschlossen sind, braucht man, um Parallelbetrieb zu erhalten, nur noch $a_2$ zu schliefsen und dann, wie gewöhnlich, die Lichtspannung durch den Zellenschalter $Z$ konstant und die Belastung der Maschine durch den Nebenschlufsregulator $R$ auf maximaler Höhe zu erhalten. Indem $Str.$ auf $E$ (Entladung) zeigt, wird die Stärke des Batteriestromes bei $A_2$ und $A_3$ und die Netzspannung, unter Stellung von $U_2$ auf $L$ (Leitung), bei $V$ abgelesen.

### 37. Betriebsvorschriften, III. Parallelbetrieb.

*b) Übergang vom Lade- zum Parallelbetriebe.*

Wenn der Lichtstrom die Maximalbelastung der Maschine übersteigt, oder auch, wenn die Batterie besser zum Ausgleiche gröfserer Schwankungen dienen soll, wird man die Ladung unterbrechen und direkt zum Parallelbetriebe übergehen.

Zu diesem Zwecke vereinfacht man die Ladung nach den unter II 3 a auf Seite 177 gegebenen Vorschriften zum reinen Maschinenbetriebe, den man dann seinerseits wieder, unter Beachtung des oben zu *a* Gesagten, zum Parallelbetriebe erweitert.

#### 3. Beendigung des Parallelbetriebes.

*a) Übergang vom Parallel- zum Ladebetriebe.*

Nicht selten wird man sich gezwungen sehen, die wegen zu frühen Beginns des Parallelbetriebes unterbrochene Ladung, nach Beendigung des Parallelbetriebes, wieder aufzunehmen.

Zu diesem Zwecke geht man durch Öffnen des Schalters $a_2$ zum reinen Maschinenbetriebe über, den man seinerseits wieder, wie unter II 2 a auf Seite 177 angegeben, zum normalen Ladebetriebe erweitert.

*b) Übergang vom Parallel- zum Maschinenbetriebe.*

Wenn die Betriebsstromstärke sehr schnell wieder bis auf die Maximalleistung der Maschine gesunken ist, darf, sofern eine Spannungsregulierung durch die Batterie nicht erforderlich ist, letztere abgeschaltet und damit wieder zum reinen Maschinenbetriebe übergegangen werden.

Um dies zu bewirken, braucht man nur den Schalter $a_3$ zu öffnen und von da an die Lichtspannung nicht mehr durch den Zellenschalter $Z$, sondern durch den Nebenschlufsregulator $R$ konstant zu halten.

Es gilt auch hier wieder das bei den Übergängen zum reinen Maschinenbetriebe schon so oft und zuletzt auf Seite 175 Gesagte.

*c) Übergang vom Parallel- zum Batteriebetriebe.*

Der Übergang vom Parallel- direkt zum Batteriebetriebe kommt nur dann in Frage, wenn sich die Batterie, nicht um die Maschine zu entlasten, sondern nur um regulierend zu wirken, mit an der Stromlieferung beteiligt. Man wird den Batteriebetrieb nicht eher einleiten, als bis der Strombedarf des Leitungsnetzes wieder auf die maximale[1]) Entladestromstärke der Batterie oder darunter gesunken ist.

Da der Zellenschalter $Z$ schon während des Parallelbetriebes auf die Lichtspannung eingestellt ist, braucht man, um reinen Batteriebetrieb zu erhalten, nur die Maschine abzuschalten, indem man ihre Spannung nach und nach sinken läfst, bis der Min.-Automat den Stromkreis selbstthätig unterbricht, wobei die etwas mit sinkende Lichtspannung durch Zuschalten einiger Zellen mit Hilfe des Zellenschalters konstant zu halten ist.

### IV. Batteriebetrieb.

#### 1. Allgemeines.

Die erforderlichen Leitungsschalter, sowie $a_2$ sind geschlossen, $RS$ steht auf $E$ (Entladung), ebenso $Str.$, $Z$ auf dem der Lichtspannung entsprechenden Kontakte, und die Widerstände $W_1$ und $W_2$ sind kurzgeschlossen. Die Entladestromstärke ist bei $A_2$ und $A_3$ und die, durch den Zellenschalter $Z$ konstant zu haltende Lichtspannung, bei $V$ abzulesen.

#### 2. und 3. Beginn und Beendigung des Batteriebetriebes.

Ebenso wie die Einleitung des Batteriebetriebes vom Maschinenbetriebe aus unter I 3 auf Seite 176 und die vom Parallelbetriebe aus unter III 3 c auf Seite 179 besprochen wurde, ist auch die Beendigung des Batteriebetriebes, als Übergang zum Maschinenbetriebe, bereits unter I 2 auf Seite 175 erläutert worden.

## 38. Erläuterungen und Betriebsvorschriften zu IV N g $\beta$.

(Fig. 75.)

(Während der Ladung dürfen keine Lampen brennen.)

Diese Schaltung wird für Lichtanlagen verwendet, die unter denselben Betriebsverhältnissen, wie oben unter $\alpha$ angegeben, arbeiten, aber unterschiedlich von diesen während

---

[1]) Vgl. Anmerkung Seite 85.

## 38. Erläuterungen und Betriebsvorschriften. 181

der Ladung nie Lichtstrom benötigen. Da man die Maschinenspannung in diesem Falle während der Ladung nicht, wie unter $\alpha$ auf die für das Lichtnetz, sondern nur auf die für die halbe Batterie erforderliche Höhe (bei 65 Volt Lichtspannung auf ca. 38 Volt) zu bringen braucht, ist auch die Verwendung des grofsen Vorschaltwiderstandes und der durch ihn bedingten Stromverluste nicht nötig. Dementsprechend unterscheidet sich dieses Schema $\beta$ (Fig. 75) von dem soeben beschriebenen $\alpha$ (Fig. 74) nur durch Weglassung des in Fig. 74 mit $W_1$ bezeichneten Vorschaltwiderstandes, weshalb auch die Betriebsvorschriften der beiden Schaltungen bis auf die Bedienung dieses Widerstandes, sowie die Einleitung und Beendigung des Ladebetriebes übereinstimmen.

Behufs Einleitung der Ladung wird man nach Stellung des Reihenschalters $RS$ auf $L$ (Ladung) und des Zellenschalters $Z$ auf Zelle 1 unter Drehung von $U_2$ auf $A$ (Akkumulator) die Spannung einer Reihe messen, dann die Maschine bei Stellung von $U_2$ auf $M$ nicht auf die Licht-, sondern nur auf die erforderliche Ladespannung (einige Volt höher als die Messung ergab) bringen, den Ladestromkreis (nachdem $a_2$ bereits geschlossen) durch Einrücken des Min.-Automaten $SA$ vorschriftsmäfsig schliefsen und durch entsprechendes Regulieren des Widerstandes $W_2$ beide Batteriehälften gleichmäfsig belasten. Dementsprechend ist auch bei der später eventuell eintretenden Lichtlieferung die Maschinenspannung bis auf die Höhe der Netzspannung zu steigern. Da während der Ladung keine Lampen brennen dürfen, sind zu dieser Zeit alle Leitungsschalter[1]) zu öffnen.

Um auch diese Schaltung, den praktischen Betrieb erläuternd, darzustellen, sind in Fig. 75 die Schalterstellungen und auch die Spannungs- und Stromverhältnisse wie in Fig. 74 für den soeben begonnenen Ladebetrieb einer 65 voltigen Lichtanlage, die aber während der Ladung keinen Lichtstrom braucht, eingezeichnet.

Die Batterie, die einen normalen Ladestrom von 50 Amp. erfordert, wird in zwei Reihen $B_1$ und $B_2$ geladen, indem der Maschinenstrom von 100 Amp. teils von $q$ aus über die

---
[1]) Siehe Anmerkung [1]) Seite 78.

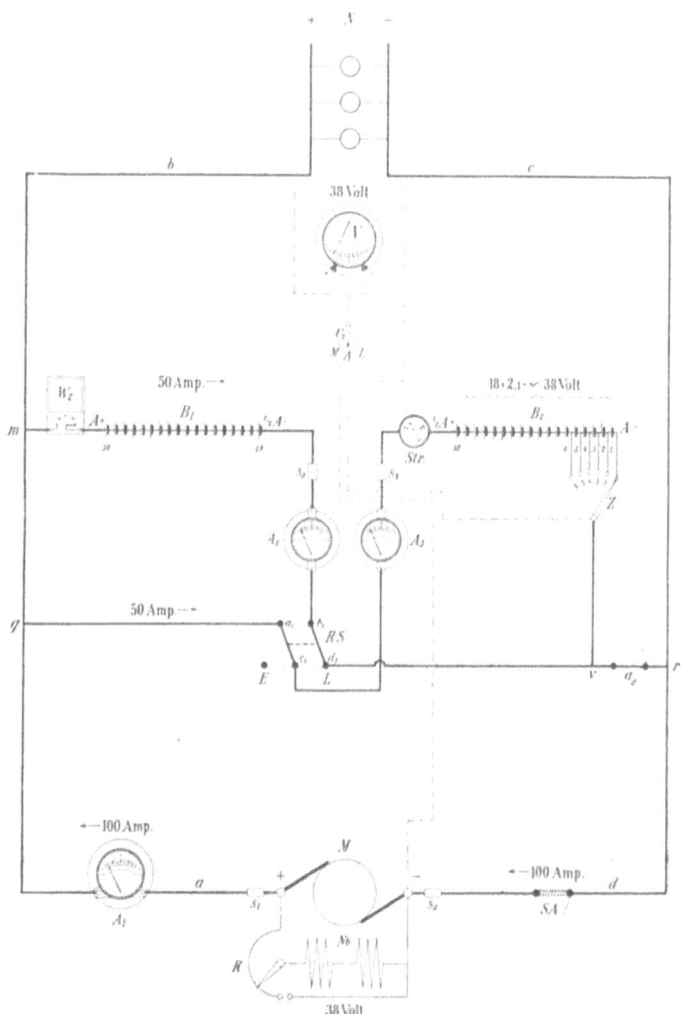

Fig. 75.

**Schema IV N g β.**

**Mit Nebenschlufsmaschine, Reihenschalter und grofser Batterie.**

Parallelbetrieb ist zulässig.
Während der Ladung dürfen keine Lampen brennen.

rechte, teils von $m$ aus über die linke Batteriehälfte fliefsend, sich wieder in $v$ vereinigt und von da aus dann über den Schalter $a_2$, sowie $rd$ und $SA$ zur Maschine zurückfliefst. Unter Annahme einer Klemmenspannung von 2,1 Volt für die Zelle ist pro Reihe eine Ladespannung von

$$18 \cdot 2{,}1 = \sim 38 \text{ Volt}$$

erforderlich, so dafs die Maschine mit Hilfe ihres Nebenschlufswiderstandes $R$ bis auf diese Spannung herabzuregulieren ist.

### 2. Schema IVNk.
#### Für Nebenschlufsmaschine, Reihenschalter und kleine Batterie.

Parallelbetrieb ist unzulässig.
α) Während der Ladung dürfen Lampen brennen.
β) Während der Ladung dürfen keine Lampen brennen.

## 39. Erläuterungen zu IVNkα.

(Während der Ladung dürfen Lampen brennen.)

Dieser Betrieb findet sich in Fabriken und sonstigen Anlagen, die auch am Tage Lichtstrom brauchen, deren als Nebenschlufsdynamo gebaute Maschine zwar grofs genug ist, um den Lichtbedarf zu allen Zeiten ohne Zuhilfenahme der Batterie decken zu können, nicht aber eine wesentliche Spannungserhöhung zuläfst. Gleichzeitig erscheint die Aufstellung einer Zusatzmaschine örtlicher Verhältnisse wegen ausgeschlossen. Die Batterie braucht nicht grofs zu sein; sie wird am Tage in zwei Reihen geladen und erst bei Stillsetzung der Maschine zur Lichtlieferung eingeschaltet, um die dann noch weiter brennenden wenigen Wohnungs-, Bureau- und Treppenhauslampen mit Strom zu versorgen.

Wie aus Fig. 76 ersichtlich, unterscheidet sich diese Anordnung von dem Schema IVNgα, dargestellt in Fig. 74, dadurch, dafs in den Akkumulatorenstromkreis noch ein automatischer Starkstromschalter $SA_{max.}$ und in die Ladeleitung, statt des Ausschalters $a_2$, der früher in der Maschinenleitung liegende Min.-Automat $SA$ eingeschaltet wurde, ersterer, um die verhältnismäfsig kleine Batterie vor Überlastung, letzterer um die Maschine vor Rückstrom zu schützen, ferner dadurch, dafs die äufsere Verbindungsleitung $c\,r\,d$ einen Umschalter $U_1$ (mit Unterbrechung) erhalten hat, dessen Hebel[1]) direkt zur Lichtleitung führt, während seine Kontakte $A$ und $M$ an den Zellenschalter, resp. die Maschinenleitung, angeschlossen sind. An die frühere Stelle des Min.-Automaten $SA$, also in die Leitung $d$, d. i. die negative Maschinenleitung, kann auch ein Hauptausschalter eingelegt werden, doch ist dieser, da ja die Maschinenabschaltung durch Stellung des Umschalters $U_1$ auf die Unterbrechung erfolgen kann, — als nicht unbedingt erforderlich — im Schema der Fig. 76 weggelassen. Auch hier gilt das in der Text-Anmerkung auf Seite 87 über eventuelle Lageveränderung des Stark- und Schwachstromautomaten Gesagte.

Durch die in Fig. 76 eingezeichneten Spannungs- und Stromverhältnisse, wie auch die angenommenen Schalterstellungen soll der normale Batteriebetrieb einer 65 voltigen Reihenschalteranlage mit Nebenschlufsmaschine und kleiner Batterie veranschaulicht werden unter der Annahme eines Stromverbrauches von 20 Amp. und einer Entladespannung von 2,1 Volt pro Element. Dann ist die Maschine aufser Betrieb und ihr Min.-Automat $SA$ geöffnet, $SA_{max.}$ dagegen geschlossen, $RS$ steht auf $E$ (Entladung), $U_2$ auf $L$ (Leitung), $U_1$ auf $A$ (Akkumulator) und $Z$ auf $6$, d. h. dem der normalen Lichtspannung entsprechenden Zellenkontakte, weil 5 Zellen abzuschalten sind, um im Lichtstromkreise, also zwischen $m$ und $Z$ eine Spannung von $31\cdot 2,1 = 65$ Volt zu erhalten.

## 40. Betriebsvorschriften zu IV N k α.
(Während der Ladung dürfen Lampen brennen.)
(Fig. 76.)

Auch hier erscheint es nicht nötig, jede Betriebsart besonders zu erläutern, da durch die gegen das Schema IV N g α vorgenommenen Änderungen nur Parallelbetrieb in Wegfall gekommen, die Herstellung der anderen Betriebsarten aber nicht wesentlich beeinflufst worden ist. Die Ladung

---

[1]) Siehe Anmerkung [1]) Seite 87.

## 40. Betriebsvorschriften. 185

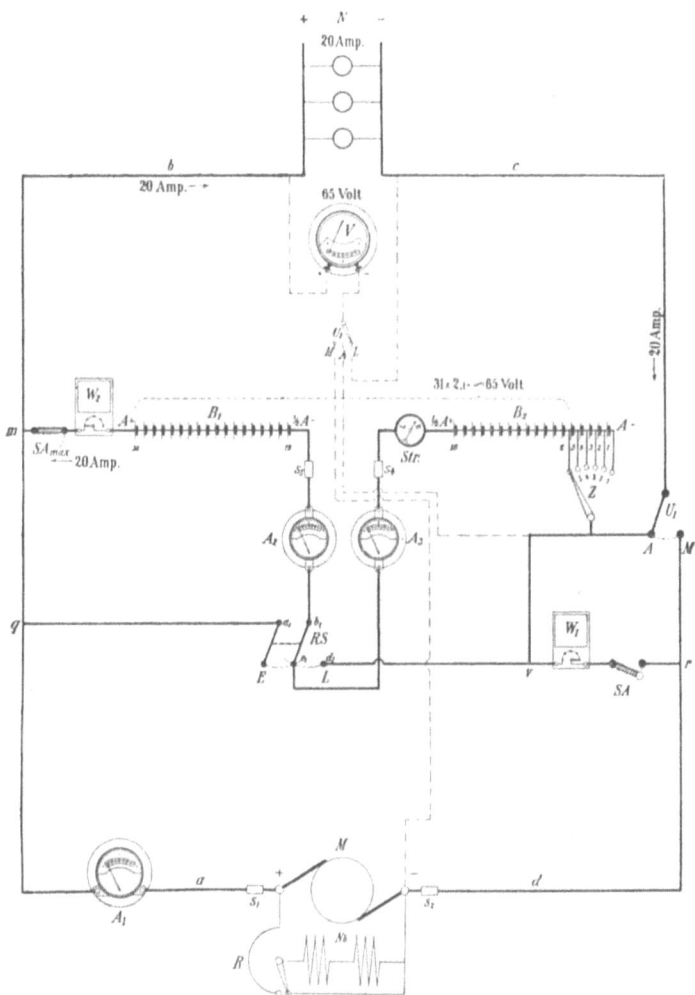

Fig. 76.

**Schema IV N k α.**

**Mit Nebenschlußmaschine, Reihenschalter und kleiner Batterie.**

Parallelbetrieb ist unzulässig.
Während der Ladung dürfen Lampen brennen.

3. Abschnitt. Schaltung IV, Schema IV N k β.

erfolgt wie unter IV N g α, nur wird sie statt durch Schliefsen des Ausschalters $a_2$ durch Einrücken des Automaten $SA$ eingeleitet. Um nach Beendigung der Ladung oder nach beendigtem Maschinenbetriebe das Lichtnetz von der Batterie speisen zu lassen, ist $U_1$ auf $A$ (Akkumulator), $Z$ auf den der Lichtspannung entsprechenden Kontakt und $RS$ auf $E$ (Entladung) zu stellen, und der Widerstand $W_2$ kurz zu schliefsen. Während des reinen Maschinenbetriebes dagegen mufs $U_1$ auf $M$ (Maschine) gestellt werden, wogegen die Bedienung des jetzt in der Ladeleitung liegenden Min.-Automaten in Wegfall gekommen ist.

## 41. Erläuterungen und Betriebsvorschriften zu IV N k β.

(Während der Ladung dürfen keine Lampen brennen.)

Dieses Schema β unterscheidet sich von dem eben in Fig. 76 beschriebenen α wiederum nur durch Weglassung des zur Spannungsverminderung des Ladestromes dienenden Vorschaltwiderstandes.

Auf diese Weise ist auch hier wieder der durch den bedeutenden Stromverlust dieses Widerstandes bedingte Hauptnachteil der vorigen Schaltung α vermieden, allerdings aber auch die Möglichkeit benommen, je noch während der Ladung Licht brennen zu können.

Die Betriebsvorschriften der Schaltung β und der vorhergehenden α sind bis auf die Bedienung dieses Vorschaltwiderstandes gleich, d. h. letzterer braucht, weil weggelassen, überhaupt nicht mehr berücksichtigt zu werden. Es ist aber, wie schon bei der β-Schaltung des Schemas IV N g erwähnt wurde, zu beachten, dafs die Maschinenspannung behufs Einschaltung zur Ladung nicht wie bei α auf die Licht-, sondern nur auf die durch vorherige Messung bestimmte niedere Ladespannung einer Reihe gebracht wird.

### 3. Schema IV C k.*)
#### Für Compoundmaschine, Reihenschalter und kleine Batterie.

Parallelbetrieb ist unzulässig.
α) Während der Ladung dürfen Lampen brennen.
β) Während der Ladung dürfen keine Lampen brennen.

*) Ausnahmsweise ist hier, lediglich des leichteren Verständnisses wegen, erst der $k$-Betrieb und dann der $g$-Betrieb erläutert. Ebenso ist nicht wieder für jeden dieser beiden Betriebe die α-Schaltung und auch die β-Schaltung ausführlich erläutert worden, sondern es ist, da sich die α-Schaltung von der β-Schaltung ja doch nur durch Hinzufügung eines in der Ladeleitung liegenden Vorschaltwiderstandes unterscheidet, die erstere nur beim $g$-Betriebe (grofse Batterie) und die zweite nur beim $k$-Betriebe (kleine Batterie) eingehend erläutert und auf die entsprechend andere dann stets nur mit wenigen Worten verwiesen. Demnach wird hier also an erster Stelle der $k$-Betrieb mit der β-Schaltung zu besprechen sein.

## 42. Erläuterungen zu IV C k β.
(Während der Ladung dürfen keine Lampen brennen.)

Lichtanlagen, die nachträglich mit einer kleinen Batterie auszurüsten sind, nur um nach Stillsetzung der Maschine noch einige wenige Lampen mit Strom versorgen zu können und deren schon vorhandene, als Compounddynamo gebaute Maschine ohne Umwickelung auch zur Ladung Verwendung finden soll, werden, wenn während der Ladung kein Licht gebraucht wird, entsprechend dem nachstehend beschriebenen und in Fig. 80 unter Einfügung aller für den praktischen Betrieb erforderlichen Mefs- und Schaltapparate dargestellten Schema ausgeführt resp. erweitert.

Die Ladung erfolgt in zwei Reihen und zwar unter Abschaltung der Compoundwindungen direkt von der Nebenschlufswickelung aus, indem die Maschine, die während der Ladung keinen Lichtstrom zu liefern braucht, durch einen genügend grofsen Nebenschlufswiderstand auf die erforderliche Ladespannung herabreguliert wird.

Um auch eine andere Reihenschalterkonstruktion als bisher in betriebsmäfsigem Zusammenhange mit der Maschine und Batterie zu erläutern, ist das Schema der Fig. 80 so durchgeführt, wie es bei Verwendung des durch Fig. 34 und 35 dargestellten Reihenschalters erforderlich ist.

Aufserdem hat aber gegen früher hin noch die Anordnung der Ladeleitung eine Änderung erfahren, indem der sonst im Batteriezweige $B_1$ liegende Widerstand $W_2$ in Wegfall gekommen und dafür in die Ladeleitung ein besonderer, nicht mit dem früher angegebenen Widerstande $W_1$ (der ja nur bei der α-Schaltung zur Vernichtung der bestehenden Überspannung im Ladestromkreise diente) zu verwechselnder Laderegulator $LR$ eingefügt ist, dessen Konstruktion und Wirkungsweise aus nachstehendem hervorgeht.

Der Apparat besteht, wie aus Fig. 77 zu ersehen ist, im wesentlichen aus zwei auf gemeinsamer Achse sitzenden, mit

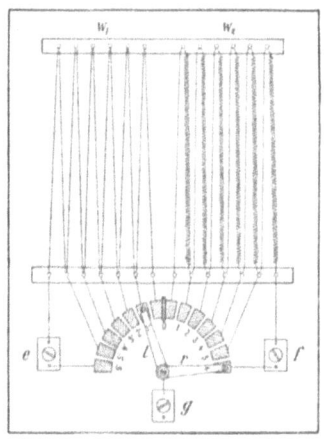

Fig. 77.

der Klemme $g$ verbundenen Kurbeln $l$ und $r$ und aus zwei an Widerstand verschieden grofsen Drahtgruppen $W_1$ und $W_2$. $W_1$, nur wenig Widerstand im Verhältnis zu $W_2$ besitzend, ist sowohl mit Klemme $e$, als auch mit Kontakt $0$ bis $6'$ in der aus der Figur zu ersehenden Weise verbunden, während $W_2$ mit Klemme $f$ und den Kontakten $0$ bis $6$ in Verbindung steht. Ein Anschlag $0$ begrenzt den Weg gleichzeitig beider Kurbeln $r$ und $l$, so dafs deren Spielraum auf den Weg von Kontakt $6$ resp. $6'$ bis zum Anschlage beschränkt bleibt.

Fig. 78 veranschaulicht einen nach dieser Anordnung von der Firma Aug. Hopfer & Eisenstuck in Leipzig gebauten

Laderegulator. Die in Fig. 77 mit $g$ bezeichnete Klemme ist unterhalb der Schaltplatte angeordnet und steht in direkter Verbindung mit der für beide Hebel gemeinsamen Drehachse, durch welche zugleich die Stromzuführung erfolgt. Die Klemmen $e$ und $f$ sind, erstere links, letztere rechts auf der Schaltplatte sichtbar, wie auch die hinter dem perforierten

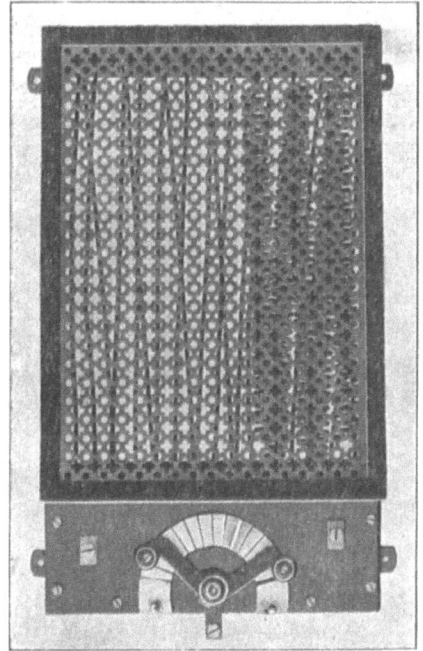

Fig. 78.

Blechschutze befindlichen Windungen des Drahtwiderstandes zu erkennen sind.

Fig. 79 zeigt die etwas abweichende Konstruktion eines Laderegulators für höhere Stromstärken, ebenfalls nach Ausführung der Herren Aug. Hopfer & Eisenstuck. Die beiden, früher durch den gemeinsamen Anschlag $0$ getrennten Kontaktreihen der feinen und groben Regulierung sind jetzt gesondert, die eine links, die andere rechts angeordnet, wie auch die beiden Kurbeln nicht mehr auf gemeinsamer Drehachse sitzend, durch diese selbst mit Strom versorgt werden, sondern jede für sich drehbar angeordnet ist und durch eine besondere Schleiffläche mit der mittelsten der drei Klemmen des Apparates, die unterhalb der Kurbeln sichtbar sind, in Verbindung steht.

Die Verbindung dieser Laderegulatoren mit der Maschine,

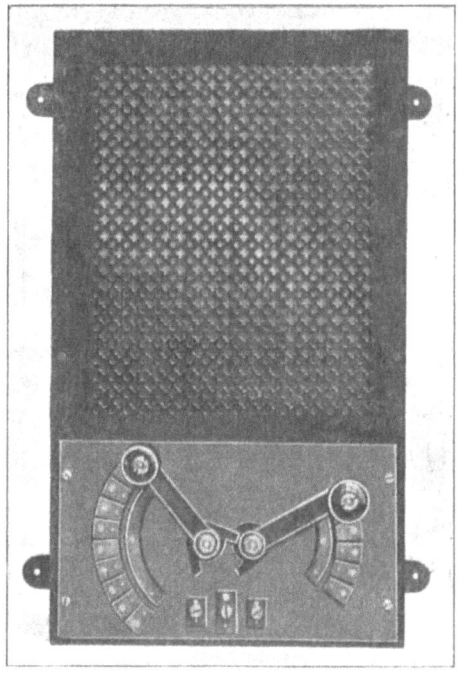

Fig. 79.

und dem Reihen- und Zellenschalter geht, unter Beachtung der Fig. 80 aus nachstehendem hervor.

Während Klemme $g$, unter Zwischenschaltung des Min.-Automaten $SA$ (und wenn während der Ladung noch Lampen brennen sollen [also bei Schaltung $a$], aufserdem noch des grofsen Vorschaltwiderstandes), mit der negativen

## 42. Erläuterungen. 191

Bürste $N$—[1]) der Maschine in Verbindung steht, ist $e$ an Kontaktstück $b_1$ des Reihenschalters $RS$ und $f$ direkt an den Hebel $Z$ des Zellenschalters angeschlossen. Wenn die Maschine unter Ladespannung läuft, der Min.-Automat $SA$ geschlossen ist, der Reihenschalter auf $L$ (Ladung), Kurbel $r$ auf Kontakt $6$ und $l$ auf $0$ steht, wird der über den Zellenschalter zurückkehrende Ladestrom der Reihe $B_2$ nach $f$ und dann über Kontakt $6$ und die Kurbel $r$ nach $g$ fliefsen, während der Ladestrom der Reihe $B_1$ über $d_1\,b_1$ nach $e$ gelangt und nun erst den Widerstand $W_1$ passieren mufs, um über die Kurbel $l$ ebenfalls nach $g$ und von da an mit dem erstgenannten Teilstrome von $B_2$ gemeinschaftlich über $SA$ und $h$ nach der Maschine zurückzufliefsen. Durch den Widerstand $W_1$, der annähernd dem früher im direkten Stromkreise von $B_1$ liegenden Regulator $W_2$ entspricht, kann nun der Widerstand der Reihe $B_1$ nach Bedarf geändert und dadurch die von der höheren Spannung der Zellenschalterreihe $B_2$ herrührende ungleiche Belastung beider Batteriehälften beglichen werden.

Um den Widerstand beider Batteriehälften annähernd gleich halten zu können, mufs, nach Abschaltung einer jeden fertig geladenen Zelle, eine dem Widerstande dieser Zelle entsprechende Drahtspule eingeschaltet werden, was durch Drehen der Kurbel $r$ um einen Kontakt nach $0$ zu geschieht. Die gleichmäfsige Belastung beider Batteriehälften wird dann wieder mit Hilfe der Kurbel $l$ hergestellt.

In umgekehrter Reihenfolge ist bei Beendigung der Ladung Kurbel $r$ wieder nach und nach auf $6$ und $l$ auf $0$ zu stellen. Durch diese Schaltung wird der Vorteil geboten, dafs während der Entladung nur Kontakt $c_1$ mit $d_1$ des Reihenschalters verbunden zu werden braucht, ohne einen oder gar zwei Widerstände kurzschliefsen zu müssen, weil sich eben die zur Ladung erforderlichen Hilfswiderstände nur in der Lade-, nicht aber, wie früher, in der Entladeleitung befinden.

Die Anordnung der übrigen Apparate und Sicherungen

---

[1]) Die Bezeichnungen der Nebenschlufs- und Compoundklemmen sind hier genau so wie auf Seite 154 bei Schaltung III gewählt.

## 3. Abschnitt. Schaltung IV, Schema IV C k $\beta$.

bietet nichts Neues. In der äufseren Verbindungsleitung liegt wieder der Umschalter $U_1$, dessen Hebel[1]) direkt zur Lichtleitung führt, während Kontakt $A$ mit dem Hebel des Zellenschalters $Z$ und $M$ mit der Compoundwickelung der Maschine in Verbindung steht. Zum Schutze der Akkumulatoren vor Überanstrengung liegt wieder in der Batterieleitung der Starkstromschalter $SA_{max}$.[2]) der auch hier, wie in der Text-Anmerkung auf Seite 87 angegeben, bald an dieser, bald an jener anderen Stelle in den Stromkreis eingefügt wird.

In Fig. 80 sind die Spannungs- und Stromverhältnisse, wie auch die Schalterstellungen für den Ladebetrieb einer 65 voltigen Lichtanlage angegeben, bei Verwendung einer Batterie von 36 Elementen, die einen normalen Ladestrom von 50 Amp. erfordert (angenommene Ladespannung pro Element $= 2,1$ Volt). Da $Z$ noch auf Zelle $1$ und mithin auch die Kurbel $r$ des Reihenschalters $RS$ noch auf Kontakt $6$ steht, ist pro Reihe, eine Ladespannung von $18 \cdot 2,1 = 38$ Volt erforderlich, unter der die Maschine den Gesamtladestrom von $2 \cdot 50 = 100$ Amp. zu liefern hat. Die Kurbel $l$ dagegen ist, entsprechend der Mehrspannung der rechten Reihe zur Aufrechterhaltung einer gleichmäfsigen Ladestromstärke um einige Kontakte verschoben worden. Der von $q$ aus über Kontakt $a_1$ und $c_1$ des Reihenschalters die rechte Batteriehälfte speisende und dann über den Zellenschalter $Z$ zurückgehende Strom von 50 Amp. fliefst über Kontakt $f$, $6$ und die Kurbel $r$ des Ladeschalters nach $g$, während der Ladestrom der linken Batteriehälfte (ebenfalls 50 Amp.) über $d_1$ $b_1$ nach $e$ gelangt und nun erst den Widerstand $W_1$ des Laderegulators passieren mufs, um über die Kurbel $l$ ebenfalls nach $g$ und von da an mit dem erstgenannten Teilstrome von $B_2$ gemeinschaftlich, also in einer Stärke von 100 Amp. über $SA$ und $h$ nach der Maschine zurückzukehren.

---

[1]) Siehe Anmerkung [1]) Seite 87.
[2]) Da auch hier der Starkstromschalter $SA_{max}$ nicht betriebsmäfsig bedient wird, sondern unter normalen Verhältnissen stets eingeschaltet bleibt, ist er auch in den folgenden Betriebsvorschriften nicht besonders erwähnt.

## 42. Erläuterungen.

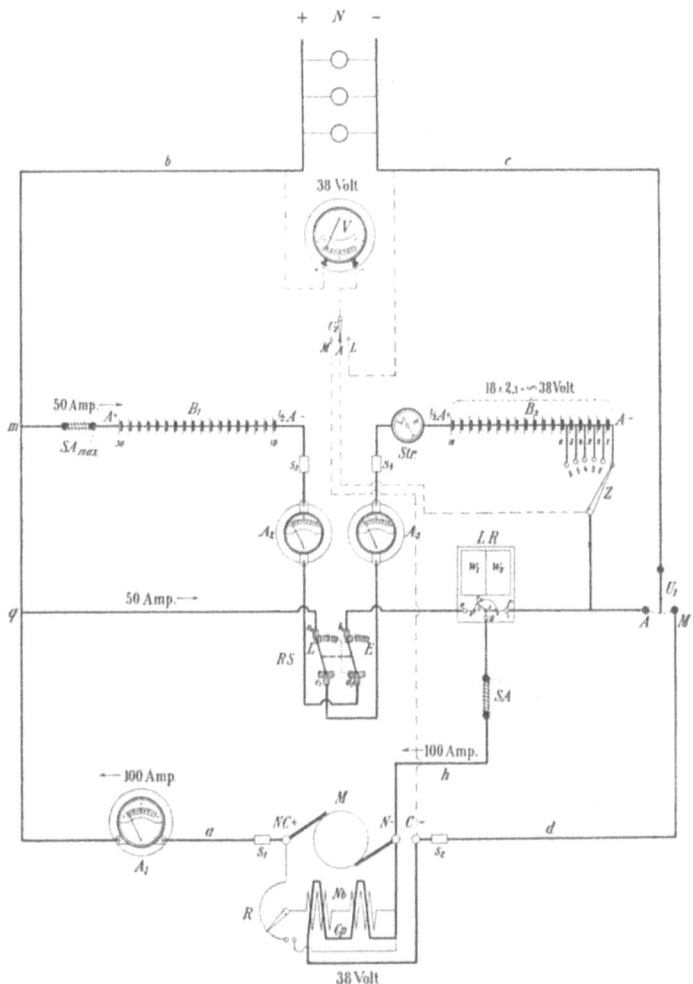

Fig. 80.

**Schema IV C k $\beta$.**

**Mit Compoundmaschine, Reihenschalter und kleiner Batterie.**

Parallelbetrieb ist unzulässig.

Während der Ladung dürfen keine Lampen brennen.

## 43. Betriebsvorschriften zu IV C k $\beta$.

(Während der Ladung dürfen keine Lampen brennen.)

(Fig. 80.)

### I. Maschinenbetrieb.

#### 1. Allgemeines.

Die für den augenblicklichen Lichtbetrieb erforderlichen Leitungsschalter[1]) und der Starkstrom-Automat $SA_{max}$ sind geschlossen, die Maschine ist unter Normalspannung im Gang, und der Umschalter $U_1$ auf $M$ gestellt. $A_1$ giebt die Stärke des Maschinenstromes und $V$, unter Stellung des Voltmeterumschalters $U_2$ auf $L$ (Leitung), die Spannung des Lichtnetzes zu erkennen.

#### 2. und 3. Beginn und Beendigung des Maschinenbetriebes.

Diese beiden Betriebsübergänge je gesondert zu behandeln, erscheint nicht nötig, da ihre Herstellung nach dem bereits früher Gesagten ohne weiteres verständlich sein muſs.

Um den Betrieb einzuleiten, läſst man die Maschine bis zur Lichtspannung anlaufen (durch Regulieren bei $R$), stellt dann den Umschalter $U_1$ auf $M$ und schlieſst die erforderlichen Leitungsschalter; um ihn dagegen zu beenden, entlastet man die Maschine durch Öffnen der Leitungsschalter, oder durch Überführen des Umschalters $U_1$ auf die Unterbrechung, um dann die Dynamo durch Abschalten des Nebenschluſsregulators gänzlich stromlos zu machen. Wenn dabei die Batterie die weitere Stromlieferung übernehmen soll, ist, nachdem zuvor der Reihenschalter $RS$ auf $E$ (Entladung), und $Z$, unter Stellung des Voltmeterumschalters auf $A$ (Akkumulator), auf den der Normalspannung entsprechenden Kontakt gestellt wurde, der Umschalter $U_1$ über die Unterbrechung hinaus bis auf $A$ (Akkumulator) zu drehen, wodurch dann die Batterie von selbst die Speisung des Lichtnetzes übernimmt. $U_2$ wird dann wieder auf $L$ gestellt, damit man jederzeit die Lichtspannung kontrollieren kann.

---

[1]) Auch für diese Vorschriften gilt das in der Anmerkung [1]) auf Seite 78 über Leitungsschalter Gesagte.

## II. Ladebetrieb.

### 1. Allgemeines.

Die Ladung darf nur erfolgen, wenn kein Strom im Lichtnetze gebraucht wird.

Alle Leitungsschalter sind geöffnet oder $U_1$ ist auf den Unterbrechungskontakt gestellt. Die Maschine ist unter der momentan erforderlichen Ladespannung in Betrieb, ihr Min.-Automat $SA$, sowie der Starkstromschalter $SA_{max}$ geschlossen, der Reihenschalter $RS$ steht auf $L$ (Ladung) und der Zellenschalter $Z$ auf der dem augenblicklichen Grade der Ladung entsprechenden Zelle. Durch die Kurbeln $l$ und $r$ ist soviel Widerstand eingeschaltet, als zur Einhaltung der gleichmäfsigen Belastung beider Reihen erforderlich erscheint. Indem die Ampèremeter $A_2$ und $A_3$ die Stärke des Lichtstromes je einer Reihe zu erkennen geben, ist der Gesamtmaschinenstrom an $A_1$ und die Ladespannung, unter Stellung des Voltmeterumschalters $U_2$ auf $A$ (Akkumulator) an $V$ abzulesen, wobei der Stromrichtungszeiger $Str.$ auf $L$ (Ladung) zeigt.

### 2. Beginn des Ladebetriebes.

*a) Übergang vom Batterie- zum Ladebetriebe.*

Dieser Betriebsübergang zur Ladung ist auch für die hier in Betracht kommende Betriebsart von Wichtigkeit, da er, sich den normalen Verhältnissen anpassend, täglich zur Ausführung kommt. Denn da das Lichtnetz am Tage nur wenig oder gar keinen Lichtstrom braucht, wird die Maschine nur abends laufen, so dafs gewöhnlich am Tage reiner Batteriebetrieb vorhanden ist, aus dem dann oft auch normalerweise der Übergang zum Ladebetriebe erfolgt.

Da während der Ladung keine Lampen brennen dürfen, sind vorerst alle Leitungsschalter zu öffnen, oder es ist der Umschalter $U_1$ auf den Unterbrechungskontakt zu drehen. Nach Stellung des Reihenschalters $RS$ auf $L$ (Ladung) und des Zellenschalters auf Zelle *1*, wird die Spannung einer Batteriehälfte gemessen (unter Stellung des Voltmeterumschalters $U_2$ auf $A$ [Akkumulator] bei $V$ abzulesen), dann die Maschine in Betrieb gesetzt und durch Regulieren bei $R$ erregt, um, sobald sie die erforderliche Ladespannung (etwa 5—10 Volt mehr, als die eben ausgeführte Messung ergab) erreicht hat, den Ladestromkreis durch Einrücken des Min.-Automaten $SA$ zu schliefsen, so dafs *Str.* auf $L$ (Ladung) zeigt. Alsdann bringe man durch allmähliches Erhöhen der Maschinenspannung den bei $A_2$ und $A_3$ abzulesenden Ladestrom beider Reihen auf normale Höhe und stelle durch Drehen an der Kurbel $l$ des Laderegulators $LR$ eine gleichmäfsige Strombelastung beider Batteriehälften her, während Kontakt $r$ auf den vom Anschlag $0$ am weitesten entfernten Kontakte (nach Fig. 77 Kontakt $6$) stehen bleibt. Erst wenn nach weiterem Fortschreiten der Ladung die Schaltzellen, — die ja ihrer geringen Beanspruchung wegen früher geladen sind als die übrigen Elemente — nach und nach, aber nie mehr als eine Zelle auf einmal, durch den Zellenschalter $Z$ von der Batterie abgetrennt werden, tritt auch die Kurbel $r$ in Thätigkeit, indem sie, nach Abschaltung einer jeden Zelle stets um einen Kontakt weiter nach $0$ hin zu schieben und hierauf dann sofort wieder mit der Kurbel $l$ die gleichmäfsige Belastung beider Batteriehälften herzustellen ist. Während das Voltmeter $V$ unter Stellung des Umschalters $U_2$ auf $A$ (Akkumulator) die Ladespannung der Maschine zu erkennen giebt, ist die Stromstärke pro Reihe bei $A_2$ resp. $A_3$ und die Gesamtmaschinenbelastung bei $A_1$ zu erkennen.

*b) Übergang vom Maschinen- zum Ladebetriebe.*

Wenn die Maschine, vielleicht eines momentanen Strombedürfnisses wegen, auch am Tage in Betrieb ist, wird man sich mitunter auch veranlafst sehen, direkt vom Maschinen- zum Ladebetriebe überzugehen.

Zu diesem Zwecke wird man im allgemeinen, wie soeben unter *a* angegeben, schalten, nur ist hier die Dynamomaschine nach stattgehabter Akkumulatorenmessung nicht durch Verkleinern des Nebenschlufswiderstandes $R$ erst zu erregen, sondern vielmehr, da sie bereits unter Normalspannung läuft, durch Vergröfsern desselben auf die viel niedrigere Ladespannung herabzuregulieren.

## 43. Betriebsvorschriften, II. Ladebetrieb.

### 3. Beendigung des Ladebetriebes.

*a) Übergang vom Lade- zum Batteriebetriebe.*

In Betrieben, in denen auch nach Beendigung der Ladung kein wesentliches Lichtbedürfnis vorhanden ist, wird man die Maschine einfach still setzen und von der Ladung wieder direkt zum Batteriebetriebe übergehen.

Man läfst mit Vermindern der Maschinenspannung den Ladestrom nach und nach sinken, bis der Stromkreis durch den Min.-Automaten selbstthätig unterbrochen wird, dreht dann den Reihenschalter $RS$ auf $E$ (Entladung) und den Zellenschalter $Z$, unter Stellung des Voltmeterumschalters $U_2$ auf $A$ (Akkumulator), auf den der Lichtspannung entsprechenden Zellenkontakt, bringt die Kurbeln $l$ und $r$ des Laderegulators $LR$ in ihre Anfangsstellung ($l$ auf $0$ und $r$ auf $6$) und geht dann erst durch Drehen des Umschalters $U_1$ auf $A$ zum reinen Batteriebetriebe über.

*b) Übergang vom Lade- zum Maschinenbetriebe.*

Wohl kann es vorteilhaft sein, die Zeit des Ladebetriebes so zu wählen, dafs mit Beendigung desselben sofort der Hauptlichtbetrieb einsetzt, so dafs man vom Lade- direkt zum Maschinenbetriebe übergehen kann.

Dieser Betriebsübergang entspricht fast ganz dem oben beschriebenen, nur darf man nach Abschalten des Min.-Automaten die Maschine nicht still setzen, sondern mufs vielmehr ihre Spannung wieder bis auf die des Lichtnetzes erhöhen (dabei $U_2$ auf $M$ stellen), ehe man durch Überführen des Umschalters $U_1$ nach $M$ zum Maschinenbetriebe übergehen kann.

Wenn auch nicht unbedingt erforderlich, so scheint es doch geboten, auch den Reihenschalter auf „Entladung" und den Zellenschalterhebel $Z$ (unter Stellung des Voltmeterumschalters $U_2$ auf $A$) auf den der Lichtspannung entsprechenden Kontakt zu drehen, damit die Batterie jederzeit bereit ist, bei plötzlichen Betriebsstörungen die Stromlieferung, die dann allerdings nach Möglichkeit einzuschränken ist, zu übernehmen.

### III. Batteriebetrieb.

#### 1. Allgemeines.

Batteriebetrieb darf nur hergestellt werden, wenn der Lichtstrom nicht die maximale[1]) Entladestromstärke der Batterie übersteigt.

Alle erforderlichen Leitungsschalter sowie $SA_{max.}$ sind geschlossen, $RS$ steht auf $E$ (Entladung), $Z$ auf dem der Lichtspannung entsprechenden Kontakte, $U_1$ auf $A$ (Akkumulator) und $U_2$ auf $L$ (Leitung). Während die Ampèremeter $A_2$ und $A_3$ die Stärke des Batteriestromes anzeigen, giebt $Str.$, auf $E$ zeigend, die Richtung und $V$ die Spannung desselben zu erkennen.

#### 2. und 3. Beginn und Beendigung des Batteriebetriebes.

Beginn und Beendigung des Batteriebetriebes wurden bereits als Übergänge vom und zum Maschinen- und Ladebetriebe eingehend erläutert, so dafs einfach auf diese Stellen verwiesen sei.

## 44. Erläuterungen und Betriebsvorschriften zu IVCkα.

(Während der Ladung dürfen Lampen brennen.

Dieser Betrieb unterscheidet sich von der eben beschriebenen Schaltung $\beta$ nur durch Hinzufügung eines zwischen den Min.-Automaten $SA$ und Kontakt $g$ des Laderegulators $LR$ gelegten Vorschaltwiderstandes, der grofs genug ist, um den zur Ladung dienenden Teil des Maschinenstromes von der Licht- auf die viel niedrigere Ladespannung herabzuregulieren.

Auch die Betriebsführung ist bis auf die Bedienung dieses Vorschaltwiderstandes mit der vorhergehenden Schaltung $\beta$ übereinstimmend.

---

[1]) Vgl. Anmerkung Seite 85.

### 4. Schema IV C g.*)
#### Für Compoundmaschine, Reihenschalter und grofse Batterie.

Parallelbetrieb ist zulässig.
α) Während der Ladung dürfen Lampen brennen.
β) Während der Ladung dürfen keine Lampen brennen.
*) Siehe Anmerkung Seite 187.

## 45. Erläuterungen zu IV C g α.
(Während der Ladung dürfen Lampen brennen.)

Diese Schaltung, die in Fig. 81 unter Einfügung aller für den praktischen Betrieb erforderlichen Mefs- und Schaltapparate schematisch dargestellt ist, findet in schon bestehenden Lichtanlagen Verwendung, die, zu schwach zum abendlichen Lichtbetriebe, nachträglich mit einer Batterie auszurüsten sind, unter der Voraussetzung, dafs die schon vorhandene Compoundmaschine keine Spannungserhöhung zuläfst, und auch die Aufstellung einer Zusatzmaschine, örtlicher Verhältnisse wegen, ausgeschlossen erscheint.

Dann wird die Ladung in zwei Reihen vorgenommen, und es findet die bereits unter III C g erläuterte Schaltungsänderung Verwendung, die den Parallelbetrieb einer Compoundmaschine und Batterie ohne Umpolarisierungsgefahr gestattet. Man entschliefst sich indessen für diesen Betrieb nur ungern, weil die schon durch das Lichtnetz belastete Maschine den doppelten Betrag des normalen Ladestromes gewöhnlich nicht ohne Überlastung zu liefern vermag, dann aber auch, weil die entstehenden Stromverluste bei Verwendung einer grofsen Batterie so bedeutend werden, dafs fast stets noch unter den schwierigsten Umständen die Aufstellung einer Zusatzmaschine, also Ausführung der Schaltung III C g, ratsam erscheint.

Wie gewöhnlich stellt auch in Fig. 81 $N$ das Leitungsnetz dar, das den erforderlichen Betriebsstrom über die von der Maschine, der Batterie und den Schaltapparaten zu ihm führenden Verbindungsleitungen $a\,q\,m\,b\,c\,d$ erhält, sowie $RS$ den Reihenschalter, $LR$ den Laderegulator und $B_1$ und $B_2$ die beiden Batteriehälften. In letzterer liegt der Zellenschalter $Z$, der an den Schleifhebel des Ladeumschalters $U_1$ angeschlossen, je nach Stellung des letzteren auf $L$ oder $E$ mit der Lade- oder Entladeleitung in Verbindung gebracht werden kann. Die als Compounddynamo gebaute Maschine hat, genau wie unter Zusatzmaschinen angegeben, drei entsprechend mit $NC+$, $N-$ und $C-$ bezeichnete Polklemmen, deren erste und zweite die Pole der Nebenschlußsmaschine und deren erste und dritte die der Compoundmaschine bilden. Da nun, wie schon auf Seite 10 gesagt, mit einer Compoundmaschine nur unter Ausschluß ihrer Compoundwickelung geladen werden kann, ist die Ladeleitung $h\,g$, in der der Min.-Automat $SA$ und der zur Herabminderung der Licht- auf die Ladespannung dienende große Vorschaltwiderstand $W_1$ liegen, auch nicht an die negative Compound-, sondern an die negative Nebenschlußklemme $N-$ der Maschine angeschlossen. Der Lichtstrom hingegen, dessen Leitung mit $C-$ verbunden ist, durchfließt auch die Compoundwickelung, um durch Beeinflussung des Schenkelmagnetismus auch bei wechselnder Belastung die Klemmenspannung konstant zu halten. Die Anordnung der Entladeleitung $E\,h$ sowohl, wie auch diejenige des Hauptausschalters resp. Min.-Automaten in der positiven Maschinenleitung, und damit auch die des doppelpoligen Voltmeterumschalters ist genau so, wie bei der unter Schema III C g angegebenen Schaltungsänderung auf Seite 153—158 durchgeführt. Dementsprechend sind auch die dieser Betriebsart anhaftenden Nachteile wie auch die durch sie erzielten Vorteile genau dieselben, wie die früher bei der Zusatzmaschinenschaltung erläuterten. Während die Art des Laderegulators $LR$ wieder der des eben erläuterten Schemas IV C k (siehe Seite 188) entspricht, wurde die Anordnung des Reihenschalters so gewählt, wie es die Verwendung des in Fig. 36 und 37 dargestellten Apparates, also eines gewöhnlichen doppelpoligen Umschalters, erfordert. Die Anordnung der übrigen Apparate, wie auch die der Meßinstrumente, entspricht der des Schemas IV C k.

In Fig. 81 sind zugleich auch die Spannungs- und Stromverhältnisse, sowie die Schalterstellungen für den Parallelbetrieb einer 110 voltigen Lichtanlage eingezeichnet, unter der

## 45. Erläuterungen.

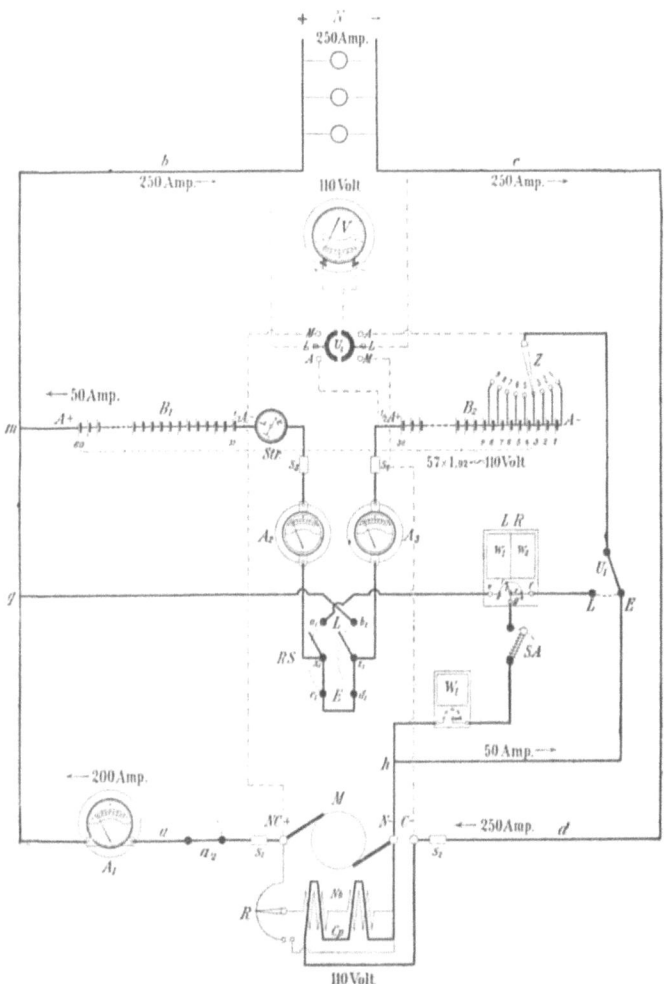

Fig. 81.

**Schema IV C g α.**

**Mit Compoundmaschine, Reihenschalter und großer Batterie.**

Parallelbetrieb ist zulässig.
Während der Ladung dürfen Lampen brennen.

3. Abschnitt. Schaltung IV, Schema IV C g α.

Annahme, dafs die Maschine voll belastet 200 Amp. liefert, und die Batterie von 60 Elementen den noch weiter erforderlichen Betriebsstrom von 50 Amp. hinzugiebt.

Die Maschine ist dann unter Normalspannung in Betrieb, ihr Schalter $a_2$ geschlossen, $U_1$ und $RS$ auf $E$ (Entladung) gestellt. *Str.* zeigt auf $E$ (Entladung), die Stärke des Maschinenstromes ist bei $A_1$, die des Entladestromes bei $A_2$ und $A_3$, und die Lichtspannung bei $V$ zu erkennen. Wenn die momentane Klemmenspannung pro Element wiederum 1,92 Volt betragen soll, sind durch den Zellenschalterhebel

$$110 : 1{,}92 = \sim 57 \text{ Zellen}$$

in den Stromkreis, also zwischen $m$ und $Z$ einzuschalten; $Z$ ist also auf Kontakt $4$[1]) zu stellen. Der Maschinenstrom von 200 Amp. nimmt seinen Weg vom positiven Maschinenpole $NC+$ aus über Schalter $a_2$, Leitung $a$, die Punkte $q$ und $m$ und Leitung $b$ nach dem Lichtnetze $N$ und kehrt von da aus über Leitung $c\,d$, die negative Compoundklemme $C-$ und die Compoundwickelung $Cp$ zur Maschine zurück. Der Batteriestrom von 50 Amp. hingegen kommt von $A+$, vereinigt sich bei $m$ mit dem Maschinenstrome, speist mit diesem gemeinschaftlich das Lichtnetz, geht auch mit ihm denselben Weg über $c\,d$ und die Compoundwickelung der Maschine bis zur negativen Bürste $N-$, um von hier aus erst wieder gesondert über Kontakt $E$ des Ladeschalters $U_1$ und den Zellenschalter $Z$ zur Batterie zurückzukehren. Wie leicht ersichtlich, durchfliefst hier der gesamte Lichtstrom die Compoundwindungen, und zwar Maschinen- und Batteriestrom vereint in gleicher Richtung, so dafs ein Umpolarisieren der Maschine ausgeschlossen ist. Die Verbindung der inneren Pole der beiden Batteriehälften $^1/_2 A-$ und $^1/_2 A+$ wird durch die über den Reihenschalter $RS$ führende Leitung $x_1\,c_1\,d_1\,z_1$ bewirkt, da während der Entladung Punkt $x_1$ des Reihenschalters mit $c_1$ und $z_1$ mit $d_1$ in Verbindung steht.

---

[1]) Auch in diesem Falle gilt das in der Anmerkung auf Seite 158 Gesagte.

## 46. Betriebsvorschriften zu IV C g $a$.

(Fig. 81.)

### I. Maschinenbetrieb.

#### 1. Allgemeines.

Die Maschine ist im Gang, ihr Ausschalter $a_2$, sowie die erforderlichen Leitungsschalter sind geschlossen, und $U_1$ steht auf Unterbrechung. $A_1$ giebt die Stärke des Maschinenstromes und $V$, unter Stellung des Voltmeterumschalters $U_2$ auf $L$ (Leitung), die Spannung des Lichtnetzes zu erkennen.

#### 2. Beginn des Maschinenbetriebes.

*Übergang vom Batterie- zum Maschinenbetriebe.*

Bis zur Inbetriebsetzung der Maschine wird stets die Batterie den Betriebsstrom liefern, weshalb bei Stellung des Reihenschalters $RS$ auf $E$ (Entladung), des Zellenschalters $Z$ auf den der Lichtspannung entsprechenden Kontakt und des Ladeumschalters $U_1$ auf $E$ (Entladung) nur die erforderlichen Leitungsschalter geschlossen sind.

Um die Maschine zuzuschalten, läfst man sie unter Stellung des Voltmeterumschalters $U_2$ auf $M$ (Maschine) anlaufen, geht, wenn die normale Lichtspannung erreicht ist, durch Schliefsen des Schalters $a_2$ zum Parallelbetriebe und darauf erst durch Drehen des Umschalters $U_1$ in die Lage der Stromunterbrechung (also durch Abschaltung der Batterie) zum reinen Maschinenbetriebe über.

Auch hier gilt wieder das schon so oft über die Herstellung eines reinen Maschinenbetriebes in Anlagen, die für Parallelbetrieb gebaut sind, Gesagte. Man wird im allgemeinen $U_1$ lieber nicht auf den Unterbrechungskontakt drehen, sondern Maschine und Batterie miteinander in Berührung lassend, die Spannungsverhältnisse beider so abgleichen, dafs letztere weder Strom liefert, noch solchen empfängt, und nur zum Ausgleiche eventueller Lichtschwankungen oder erforderlichenfalls als Momentreserve dient.

#### 3. Beendigung des Maschinenbetriebes.

*Übergang vom Maschinen- zum Batteriebetriebe.*

Die Maschine darf nicht eher abgeschaltet werden, als

bis der Stromverbrauch des Lichtnetzes bis auf die maximale[1]) Entladestromstärke der Batterie gesunken ist.

Zu diesem Zwecke hat man die eben gegebenen Vorschriften in umgekehrter Reihenfolge auszuführen, indem man, nach Stellung des Reihenschalters $RS$ auf $E$ (Entladung) und des Zellenschalters auf den der Lichtspannung entsprechenden Kontakt, durch Drehen des Ladeumschalters $U_1$ auf $E$ (Entladung) erst Parallelbetrieb herstellt und diesen dann durch allmähliche Entlastung und schliefsliche Abschaltung der Maschine durch Öffnen von $a_2$ zum Batteriebetriebe vereinfacht.

Wenn der Maschinenbetrieb so durchgeführt wird, wie soeben in der unter 2 auf Seite 203 stehenden Text-Anmerkung gesagt, gestaltet sich der Übergang wie der vom Parallel- zum Batteriebetriebe. Die übrigen Übergänge des Maschinenbetriebes sind unter Lade- oder Parallelbetrieb eingehend besprochen.

## II. Ladebetrieb.

### 1. Allgemeines.

Die Ladung darf zu allen Zeiten erfolgen, mufs aber unterbrochen werden, wenn durch wachsenden Lichtverbrauch die Maximalbelastung der Maschine überschritten wird.

Die Maschine ist unter Normalspannung in Betrieb, ihr Ausschalter $a_2$, sowie der Min.-Automat $SA$ sind geschlossen, der Reihenschalter $RS$ steht auf $L$ (Ladung), der Zellenschalter auf der dem augenblicklichen Grade der Ladung entsprechenden Zelle und der Stromrichtungszeiger $Str.$ auf $L$ (Ladung). Durch den Vorschaltwiderstand $W_1$ und die Kurbeln $l$ und $r$ des Laderegulators $LR$ ist soviel Widerstand eingeschaltet, als zur Einhaltung der normalen Ladestromstärke und der gleichmäfsigen Belastung beider Batteriehälften erforderlich erscheint. Die Gesamtstärke des Maschinenstromes ist bei $A_1$, die des Ladestromes pro Reihe bei $A_2$ resp. $A_3$ und die Lichtspannung, bei Stellung des Voltmeterumschalters $U_2$ auf $L$ (Leitung), bei $V$ abzulesen.

---

[1]) Vgl. Anmerkung Seite 85.

## 2. Beginn des Ladebetriebes.

*a) Übergang vom Batterie- zum Ladebetriebe.*

Wenn nach Beendigung des nächtlichen Lichtbetriebes am Morgen wieder zur Ladung des Akkumulators übergegangen werden soll, wird man, insofern die Maschine nicht schon zu anderweitiger Stromlieferung dient, direkt vom Batterie- zum Ladebetriebe überzugehen haben.

Zu diesem Zwecke läfst man zunächst die Maschine anlaufen, um, sobald dieselbe ihre Normalspannung erreicht hat, durch Schliefsen des Schalters $a_2$ zum Parallelbetriebe überzugehen. Da nun die im Lichtnetze etwa noch brennenden Lampen durch die Maschine gespeist werden, kann man ohne weiteres $U_1$ und den Reihenschalter $RS$ auf $L$ (Ladung), den Zellenschalter $Z$ auf Zelle *1* und den Vorschaltwiderstand $W_1$ so stellen, dafs bei darauffolgendem Schliefsen des Min.-Automaten $SA$ die Akkumulatoren einen vorläufig nur schwachen Ladestrom erhalten, und *Str.* auf $L$ (Ladung) zeigt. Alsdann bringe man diesen Ladestrom durch Regulieren an $W_1$ auf die normale Höhe und stelle die Kurbel $l$ des Laderegulators $LR$ so, dafs beide Batteriehälften gleich belastet sind, d. h. die Ampèremeter $A_2$ und $A_3$ gleichen Ladestrom zeigen, während Kurbel $r$ auf dem von Anschlag $0$ am weitesten entfernten Kontakte (*6*) stehen bleibt. Da die ersten Zellen infolge der geringeren Beanspruchung früher geladen sind als die übrigen, werden sie, wie gewöhnlich, durch den Zellenschalter $Z$ der Reihe nach, **aber nie mehr als eine auf einmal**, abgeschaltet, wobei stets die Kurbel $r$ des Laderegulators um einen Kontakt weiter nach $0$ hin zu schieben und mit der Kurbel $l$ alsdann wieder die gleichmäfsige Belastung beider Batteriehälften herzustellen ist. Der Ladestrom pro Reihe kann bei $A_2$ und $A_3$, der Gesamtmaschinenstrom bei $A_1$ und die Lichtspannung, unter Stellung von $U_2$ auf $L$ (Leitung), bei $V$ abgelesen werden.

Die allmählich erforderlich werdende Steigerung der Ladespannung wird durch entsprechendes Verändern des Vorschaltwiderstandes $W_1$ bewirkt.

3. Abschnitt. Schaltung IV, Schema IV C g α.

*b) Übergang vom Maschinen- zum Ladebetriebe.*

Wenn die Maschine zur Zeit, da die Ladung beginnen soll, schon Strom in das Lichtnetz liefert, wird man sich veranlafst sehen, gleich vom Maschinen- zum Ladebetriebe überzugehen.

Um die Ladung aus dem reinen Maschinenbetriebe, bei dem nur $a_2$ geschlossen ist, einzuleiten, hat man genau so, wie soeben unter *a* angegeben, zu schalten, nur braucht nicht erst vor Umstellen des Schalters $U_1$ auf $L$ durch Einschalten der Maschine Parallelbetrieb hergestellt zu werden, da ja die Maschine bereits unter Normalspannung laufend, das Lichtnetz speist.

*c) Übergang vom Parallel- zum Ladebetriebe.*

Dieser Betriebsübergang findet unter III 3 b auf Seite 209 nähere Erläuterung.

3. Beendigung des Ladebetriebes.

*a) Übergang vom Lade- zum Maschinenbetriebe.*

Wenn die Ladung beendigt oder des zu starken Betriebsstromes wegen nicht mehr aufrecht zu halten ist, geht man, sofern eine Unterstützung der Maschine oder ein Spannungsausgleich durch die Batterie nicht erforderlich ist, wieder zum reinen Maschinenbetriebe über, doch gilt auch hier wieder das in der Text-Anmerkung zu I 2 auf Seite 203 Gesagte.

Um zum Maschinenbetriebe überzugehen, braucht man nur durch Vergröfsern des Vorschaltwiderstandes $W_1$ die Ladestromstärke beider Batteriehälften sinken zu lassen, um nach erfolgter Abschaltung des Akkumulators (durch den Min. Automaten $SA$) diesen durch Drehen des Reihenschalters $RS$ auf $E$ (Entladung) wieder in eine Reihe zu schalten. Alsdann bringe man die Kurbeln $l$ und $r$ des Laderegulators $LR$ in ihre Anfangsstellungen ($l$ auf $0$ und $r$ auf $6$) und stelle, unter Drehung des Voltmeterumschalters $U_2$ auf $A$ (Akkumulator), mit dem Zellenschalter die normale Lichtspannung her, damit der Akkumulator jederzeit bereit sei, durch Drehen des Umschalters $U_1$ auf $E$ (Entladung) die Maschine zu unterstützen oder als Reserve zu dienen.

### 46. Betriebsvorschriften, III. Parallelbetrieb.

*b) Übergang vom Lade- zum Batteriebetriebe.*

Wenn die durch plötzlich erforderlich werdenden Parallelbetrieb vorzeitig unterbrochene Ladung nach Beendigung des Parallelbetriebes wieder aufgenommen wurde, und mittlerweile der Stromverbrauch im Leitungsnetze bis auf die Entladestromstärke der Batterie gesunken ist, wird man sich schließlich, wenn die Batterie dann nachträglich fertig geladen ist, veranlaßt sehen, direkt aus dem Lade- zum reinen Batteriebetriebe überzugehen.

Wenn zu diesem Zwecke der Ladestrom durch Regulieren am Widerstande $W_1$ nach und nach gesunken, und der Stromkreis durch den Min.-Automaten $SA$ unterbrochen ist, dreht man zunächst den Reihenschalter $RS$ auf $E$ (Entladung) und den Zellenschalter, bei Stellung des Voltmeterumschalters $U_2$ nach $A$ (Akkumulator), auf den der Lichtspannung entsprechenden Zellenkontakt, bringt die Kurbeln $l$ und $r$ des Laderegulators $LR$ in ihre Anfangsstellung ($l$ auf $0$ und $r$ auf $6$), geht hierauf durch Drehen des Umschalters $U_1$ auf $E$ (Entladung) zum Parallelbetriebe und dann erst durch Öffnen des Schalters $a_2$ zum reinen Batteriebetriebe über. Dann wird jedes der Batterieampèremeter $A_2$ und $A_3$ die Stärke des Lichtstromes und $Str.$ dessen Richtung erkennen lassen.

*c) Übergang vom Lade- zum Parallelbetriebe.*

Dieser Betriebsübergang findet unter III 2 a auf Seite 208 nähere Erläuterung.

### III. Parallelbetrieb.

#### 1. Allgemeines.

Die erforderlichen Leitungsschalter sowie $a_2$ sind geschlossen, die Umschalter $U_1$ und $U_2$ stehen auf $E$ (Entladung) und $L$ (Leitung), $Z$ auf dem der Normalspannung entsprechenden Kontakte und $Str.$ auf $E$ (Entladung). Indem der Min.-Automat $SA$ geöffnet ist, läuft die Maschine unter Normalspannung, ihre Stromstärke kann bei $A_1$, die der Batterie bei $A_2$ und $A_3$ und die Netzspannung bei $V$ abgelesen werden. Während letztere durch den Zellenschalter konstant gehalten wird, ist die Belastung der Hauptmaschine durch ihren Nebenschlußregulator $R$ vorschriftsmäßig zu regulieren.

## 2. Beginn des Parallelbetriebes.

*a) Übergang vom Lade- zum Parallelbetriebe.*

Wenn der Stromverbrauch im Lichtnetze die Maximalbelastung der Maschine übersteigt, oder auch, wenn die Batterie besser zum Ausgleichen gröfserer Schwankungen dienen soll, wird man aus der Ladung direkt zum Parallelbetriebe übergehen.

Zu diesem Zwecke läfst man die Ladespannung durch Vergröfsern des Vorschaltwiderstandes nach und nach sinken, um nach inzwischen erfolgter automatischer Stromunterbrechung und Stellung des Reihenschalters auf $E$ (Entladung) und des Zellenschalters auf den der Normalspannung entsprechenden Kontakt (dabei $U_2$ auf $A$), durch Drehen des Ladeumschalters $U_1$ auf $E$ (Entladung) Parallelbetrieb einzuleiten. Darnach ist $U_2$ wieder auf $L$ (Leitung) zu drehen und die Lichtspannung — wie gewöhnlich bei Parallelbetrieb — durch den Zellenschalter $Z$ konstant zu halten, während die Belastung der Maschine durch den Nebenschlufsregulator $R$ auf die maximale Höhe zu steigern ist. Indem $Str.$ auf $E$ (Entladung) zeigt, wird die Stärke des Batteriestromes bei $A_2$ und $A_3$, die des Maschinenstromes bei $A_1$ und die Netzspannung bei $V$ abgelesen. Die Kurbeln $l$ und $r$ des Laderegulators sind nach erfolgtem Übergange wieder in ihre Anfangsstellungen ($l$ auf $0$ und $r$ auf $6$) zu drehen.

*b) Übergang vom Maschinen- zum Parallelbetriebe.*

Wenn die Maschine durch den im Lichtnetze gebrauchten Betriebsstrom bereits voll belastet läuft, letzterer aber an Stärke noch weiter zunimmt, mufs durch Hinzuschalten der Batterie zum Parallelbetriebe übergegangen werden.

Da schon die Maschine unter Normalspannung im Gang und ihr Hauptschalter $a_2$ geschlossen ist, braucht man, behufs Zuschaltung der Batterie, nur noch unter Stellung des Reihenschalters $RS$ auf $E$ (Entladung) und des Voltmeterumschalters $U_2$ auf $A$ (Akkumulator) mit dem Zellenschalter $Z$ die Normalspannung einzuregulieren, darauf $U_1$ auf $E$ (Entladung) zu drehen und wie vorher, unter nunmehriger Stellung von $U_2$ auf $L$ (Leitung), die Spannung sowohl, als auch die von Maschine und Batterie gelieferten Ströme auf der vorschriftsmäfsigen Höhe zu erhalten.

46. Betriebsvorschriften, IV. Batteriebetrieb.

### 3. Beendigung des Parallelbetriebes.

*a) Übergang vom Parallel- zum Batteriebetriebe.*

Aus dem Parallelbetriebe wird man zum reinen Batteriebetriebe übergehen, wenn der Lichtstrom plötzlich und sehr schnell an Stärke nachläfst, so dafs der Stromverbrauch im Leitungsnetze fast momentan bis auf die maximale Entladestromstärke der Batterie gesunken ist, oder wenn die Batterie des unruhigen Ganges der Maschine wegen stets zum Spannungsausgleich mitarbeitet.

Dann belastet man durch Vergröfsern des Nebenschlufswiderstandes $R$ die Batterie mehr und mehr, um die Maschine, wenn ihre Stromstärke nahezu auf Null gesunken ist, durch Öffnen des Schalters $a_2$ abzuschalten. Die Lichtspannung ist unter Stellung des Umschalters $U_2$ auf $L$ (Leitung) bei $V$ abzulesen und mit dem Zellenschalter $Z$ konstant zu halten, während die Gröfse des Entladestromes bei $A_2$ und $A_3$ zu erkennen ist, und Str. auf $E$ (Entladung) zeigt.

*b) Übergang vom Parallel- zum Ladebetriebe.*

Sollte der wechselnde Stromverbrauch des Leitungsnetzes frühzeitig schon Parallelbetrieb erfordern und deshalb eine nur unvollständige Ladung stattgefunden haben, so ist es vorteilhaft, dieselbe nach Beendigung des Parallelbetriebes wieder aufzunehmen.

Zu diesem Zwecke hat man, da die Maschine schon im Betrieb, ihr Schalter $a_2$ geschlossen und $Z$ auf den der Normalspannung entsprechenden Kontakt gestellt ist, zunächst durch Drehung des Umschalters $U_1$ auf die Unterbrechung reinen Maschinenbetrieb herzustellen und diesen dann wieder nach den unter II 2 b auf Seite 206 gegebenen Vorschriften zum Ladebetriebe zu erweitern.

### IV. Batteriebetrieb.

#### 1. Allgemeines.

Die erforderlichen Leitungsschalter sind geschlossen, $a_2$ ist aber geöffnet. Die Umschalter $U_1$ und $U_2$ stehen auf $E$ (Entladung), $L$ (Leitung), der Zellenschalter $Z$ auf dem der Normalspannung entsprechenden Kontakte und $RS$ auf $E$ (Entladung), $V$ läfst die Spannung des Entladestromes, $A_3$

und $A_s$ dessen Stärke und $Str.$ die Richtung desselben erkennen.

### 2. und 3. Beginn und Beendigung des Batteriebetriebes.

Ebenso wie die Einleitung des Batteriebetriebes vom Maschinenbetriebe aus unter I 3 auf Seite 203 und die vom Parallelbetriebe aus unter III 3 a auf Seite 209 Erläuterung fand, ist auch die Beendigung des Batteriebetriebes als Übergang zum Maschinenbetriebe unter I 2 auf Seite 203 näher besprochen worden.

## 47. Erläuterungen und Betriebsvorschriften zu IV C g $\beta$.

(Während der Ladung dürfen keine Lampen brennen.)

Diese Schaltung findet, ebenso wie die vorhergehende, in schon bestehenden, nachträglich mit Akkumulatoren auszurüstenden Lichtanlagen Verwendung, die aber, unterschiedlich von den eben beschriebenen, am Tage keinen Betriebsstrom erfordern, so dafs die Maschine während der Ladung nicht mit der hohen Licht-, sondern nur mit der viel niedrigeren Ladespannung in Betrieb gehalten zu werden braucht. Deshalb unterscheidet sich auch die vorliegende Schaltung von dem vorhergehenden Schema nur durch Weglassung des in der Ladeleitung zwischen dem Min.-Automaten $SA$ und Punkt $h$ liegenden Vorschaltwiderstandes $W_1$, weshalb sich auch die Führung beider Betriebe bis auf die Bedienung dieses Widerstandes und die damit verbundene Spannungsregulierung völlig gleich gestaltet und aus dem bisher Gesagten ohne weiteres hervorgeht.

Verlag von Julius Springer in Berlin u. R. Oldenbourg in München.

Herstellung und Instandhaltung
## Elektrischer Licht- und Kraftanlagen.
Ein Leitfaden auch für Nicht-Techniker.
Unter Mitwirkung von O. Görling und Dr. Michalke,
verfasst und herausgegeben von **S. Freiherr von Gaisberg**.
In Leinwand gebunden Preis M. 2,—.

Analytische
## Berechnung elektrischer Leitungen.
Von **Willy Hentze**, Ingenieur.
*Mit 37 in den Text gedruckten Figuren.*
Gebunden Preis M. 3,—.

## Die Berechnung elektrischer Leitungsnetze
in Theorie und Praxis.
Bearbeitet von
**Jos. Herzog** und **Cl. Feldmann**.
*Mit zahlreichen in den Text gedruckten Figuren.*
z. Zt. vergriffen; neue Auflage unter der Presse.

## Handbuch der elektrischen Beleuchtung.
Bearbeitet von

**Jos. Herzog**, und **Cl. Feldmann**,
Vorstand der Abtheilung für elektrische   Chefelektriker der Elektricitäts-Aktien-
Beleuchtung, Ganz & Comp., Budapest      Gesellschaft „Helios", Köln a. Rh.

**Zweite vermehrte Auflage.**
*Mit 517 Abbildungen.*
In Leinwand gebunden Preis M. 16,—.

## Isolationsmessungen und Fehlerbestimmungen
an elektrischen Starkstromleitungen.
Von **F. Charles Raphael**.
Autorisirte deutsche Bearbeitung von Dr. Richard Abt.
*Mit 118 in den Text gedruckten Figuren.*
In Leinwand geb. Preis M. 6,—.

## Sicherheitsvorschriften für elektrische Starkstrom-Anlagen.
Herausgegeben vom **Verband Deutscher Elektrotechniker**.
**Neue Ausgabe,**
angenommen von der VI. Jahresversammlung d. Verbandes Deutscher Elektrotechniker
in Frankfurt a. M. 1898.

I. Niederspannung.   II. Mittelspannung.   III. Hochspannung.
IV. Sicherheitsregeln für elektrische Bahnanlagen.

Taschenformat. Preis jedes Bändchens gebunden M. —.50.
10 Exemplare eines Bändchens M. 4,50; 25 Exemplare M. 10,—; 100 Exemplare M. 35,—.
Ausgabe in **Reichsformat** (zum Beiheften zu Verträgen etc. geeignet):
100 Exemplare einer Abteilung M. 20,—; 250 Exemplare M. 45,—; 500 Exemplare M. 75,—;
1000 Exemplare M. 100,—; weniger als 100 Exemplare werden nicht abgegeben.
Abteilung IV ist nur in Taschenformat erschienen.

*Zu beziehen durch jede Buchhandlung.*

Verlag von Julius Springer in Berlin u. R. Oldenbourg in München.

## Elektrische Kraftübertragung.
Ein Lehrbuch für Elektrotechniker.
Von **Gisbert Kapp**.
Autorisirte deutsche Ausgabe von Dr. L. Holborn und Dr. K. Kahle.
**Dritte verbesserte und vermehrte Auflage.**
*Mit zahlreichen in den Text gedruckten Figuren.*
In Leinwand gebunden Preis M. 9,—.

## Transformatoren für Wechselstrom und Drehstrom.
Eine Darstellung ihrer Theorie, Konstruktion und Anwendung.
Von **Gisbert Kapp**.
**Zweite vermehrte und verbesserte Auflage.**
*Mit 165 in den Text gedruckten Figuren.*
In Leinwand gebunden Preis M. 8,—.

## Dynamomaschinen für Gleich- und Wechselstrom.
Von **Gisbert Kapp**.
**Dritte vermehrte und verbesserte Auflage.**
*Mit 200 in den Text gedruckten Abbildungen.*
In Leinwand gebunden Preis M. 12,—.

## Elektromotoren für Gleichstrom.
Von **Dr. G. Roessler**,
Professor an der Königl. Technischen Hochschule zu Berlin.
*Mit 49 in den Text gedruckten Figuren.*
In Leinwand gebunden Preis M. 4,—.

## Elektromotoren für Wechselstrom und Drehstrom.
Von **G. Roessler**,
Professor an der Königl. Technischen Hochschule zu Berlin.
*Mit 89 in den Text gedruckten Figuren.*
In Leinwand gebunden Preis M. 7,—.

## Regelung der Motoren elektrischer Bahnen.
Von **Dr. Gustav Rasch**,
Privatdocent an der Technischen Hochschule zu Karlsruhe.
*Mit 28 in den Text gedruckten Figuren.*
In Leinwand gebunden Preis M. 4,—.

## Stromvertheilung für elektrische Bahnen.
Von **Dr. Louis Bell**.
Autorisirte deutsche Ausgabe von Dr. Gustav Rasch.
*Mit 136 in den Text gedruckten Figuren.*
In Leinwand gebunden Preis M. 8.—.

*Zu beziehen durch jede Buchhandlung.*